理系のための 論理が伝わる文章術

実例で学ぶ読解・作成の手順

成清弘和 著

ブルーバックス

カバー装幀／芦澤泰偉・児崎雅淑
本文デザイン／WORKS（若菜 啓）
カバー・本文イラスト／楢崎義信

まえがき

　この本は、日本語を使った論理の扱い方、つまり論理的文章の読み取り法と作成法を、できる限り具体的に説明しようとするものです（この本でいう論理とは、客観的な「事実」をもとに一般化・抽象化していく帰納的な方法です）。

　このような分野では、木下是雄『理科系の作文技術』や本多勝一『日本語の作文技術』などの著書がすでに数多くあります。しかし、それらの大半は文章の読み取り法を説明していません。また作文技術ではテーマが限られ、表現の解説では不十分な点があります。なにより、論理の進め方にはほとんど言及されていません。これらの欠落を補うことを目的として、この本を執筆しました。

　本書の第1の特長は、読み取り法をかなりくわしく説明していることです（第2章）。最終的には論理的文章を作ることを目指すのですが、いきなりは無理です。先輩たちの作法を学ぶ必要があります。そのための読み取り法なのです。これも高校までに教わった人は少ないでしょう。もちろん、こんなことは百も承知だとおっしゃる人は読み飛ばしてもらって結構です。

　第2の特長は、論理的に考えるという作業を、それぞれの段階でくわしく説明していることです（第4章）。その作業過程を十分に理解して下さい。この作業の結果を記す

作成法(第5、6章)は、いってみれば読み取り法(第2章)のベクトルを180度回転したものです。

このように、読み取り法と作成法はたいへん密接な関係にあります。これらをともに説明しようとするのが、この本の最大のネライです。いわば、日本語を使った論理の「受信法」と「発信法」をマルゴト説明しようとする本なのです。

そもそも、日本語などの自然言語を使って論理を扱うのは、日常のさまざまな場面において避けられません。たしかに正確な論理という点では、数学などの人工言語を用いる方がはるかに優れています。ですから、いわゆる理系の各領域や論理学などでは、数式や記号で説明することがほとんどです。理系の実験レポートなども数式や記号が中心となるでしょう。そういえば、理系学部の入試でも国語(日本語)はあまり重んじられていません。だから、日本語を論理的に扱うことなど必要ないと考えていませんか。

しかしながら、つねに一定せず複数の顔を持つあいまいな現実世界では、数学などの人工言語が対応できる領域は非常に限られたものとなります。やはり、あいまいな日本語を使って、不正確でも論理的に考えねばならない場合が圧倒的に多いのです。

現代日本の代表的な自然科学者で、ノーベル賞受賞者の益川敏英さんと山中伸弥さんのお2人も、ともに「国語力」の重要性を強調されています(益川敏英・山中伸弥『「大発

見」の思考法』)。お2人の言われる「国語力」とは学校教育での「国語」力ではなく、人工言語を含めた言語一般を理解・運用する能力のことです。つまり、自然言語を理解・運用する能力も重要だとおっしゃっているのです。

　また、当然のことながら数学などの人工言語は自然言語を基礎としています。したがって、数学を上手に扱うには、ある意味では自然言語の基礎力が必要です。さらに人類史や個人史を考えても、自然言語が基礎であることは明白です。人工言語が先に発生した、身についたなどとは考えられません。お釈迦様にも、誕生時に「天上天下唯我独尊」という自然言語を発したなどというエピソードが伝えられているのですから。いずれにせよ、自然言語は人工言語を理解・運用するうえでも重要なのです。

　そのうえ、理系以外の人とのコミュニケーションは数式や記号だけでは行えません。適宜、自然言語を活用する必要があります。ですから、基礎教養課程の課題レポートなどは自然言語を中心として作成しなければなりません。また、就活時のエントリーシートなどを考えて下さい。志望動機や自己アピールなどは数式や記号で書けるものではありません。日本語（自然言語）でわかりやすく（つまり論理的に）記さねばなりません。各企業の採用担当者は人事部に属する人が大半で、その多くは文系の人間ですから。

　ところが、高校までの国語教育では人間の情緒を豊かにする情操教育が中心です。これは素晴らしいことなのですが、論理の扱い方はほとんど伝えられていません。欧米の

言語教育と比べると、それはかなり不足しているようです。
　したがって、日本語（自然言語）を使った基本的な論理の扱い方について、一定のことは確実に身につけておくべきなのです。
　ただし、この本では、レポートや論文などの具体的な作成法についてはあまり詳しく触れていません。そうした知識については、すでに数多くの書物が紹介していますので。そうではなく、本書は、それらの基本となる論理の扱い方を中心に説明しているのです。ですから、学生の皆さんだけではなく、国語（論理的な文章の扱い方）を苦手とする高校生・受験生などにも参考になると思います。あるいは、仕事上の業務などで、一般の方にも参考になることがあるのではないでしょうか。

もくじ

まえがき 3

第1部　論理的文章の読み取り法　11

第1章　論理的文章の読み取り法　12
―「事実」ではなく「意見」に注目する―

日本語の文章を「事実」文と「意見」文の2つに分けて理解する方法を紹介します。論理的な文章は、「事実」を根拠として、「意見」が導かれるように書かれています。したがって、書き手の伝えたい内容を読み取るには「意見」文に注目することが重要です。

- 1-1　「事実」と「意見」とは ―― 19
- 1-2　「事実」の表現 ―― 24
- 1-3　「意見」の表現 ―― 27

第2章　要旨の読み取り方　37

論理的な文章を的確に読み取るための7つのポイントを紹介します。このポイントは「全体を大きく捉える」4つのポイントと、「細部を詳しく捉える」3つのポイントからなっています。例文を用いてそれぞれのポイントの活用法を具体的に解説します。

- 2-1　読み取り法の7つのポイント ―― 37
- 2-2　全体を大きく捉えるには ―― 44
- 2-3　細部を詳しく捉えるには ―― 48
- 2-4　読み取り法の実践 ―― 53

第3章　要旨要約の作成　65

前章の方法で読み取った内容を要約するための6つの手順を紹介します。文章の結論がどこにあるかを見きわめ要約する能力は、情報過多の現代社会を生き延びるうえで必須です。実際に要約していく手続きをくわしく説明しますので、確実に身につけて下さい。

　3-1　要旨要約の6つの手順 ——— 65
　3-2　要旨要約の事例 ——— 73

第2部　論理的文章の作成法　　91

第4章　論理的思考の標準的方法　92
　　　　　—帰納的方法を中心に—

論理的な文章の作成についての解説に進みます。もちろん文章を作成する前に、論理的に思考し、自らの「意見」を導く必要があります。ここでは論理的思考の1つの方法である帰納法について、9段階に分けてその手順を紹介します。事例を補いながら解説していきますので、しっかりと受け止めて下さい。

　4-1　多種多様な「事実」を収集する ——— 94
　4-2　「事実」をグループに分ける ——— 98
　4-3　各グループ内の共通点を見つける ——— 99
　4-4　法則や理論を援用する ——— 100
　4-5　「思いつき」(仮の「意見」)を導く ——— 103
　4-6　「思いつき」を他者の「意見」で補強する ——— 104
　4-7　対立する他者の「意見」を批判・論破する ——— 105
　4-8　対立する「意見」を組み込む ——— 106

4-9 最終的な「意見」を完成する ─── 109

第5章　わかりやすい文の作成　115

論理的な日本語の文の作成法を解説します。前章の論理的思考の結果を文章として表現していくのです。しかしその前に、日本語で論理的な文を書くに当たって、注意すべき事項を知っておく必要があります。ここではそれらを7つのポイントに整理して示します。

5-1 「事実」と「意見」の区別、文体や1文の長さなど
　　　─── 116
5-2 主語・述語の関係など ─── 119
5-3 句や節の関係を明示するために読点を活用する
　　　─── 124
5-4 7種類の接続語を有効に活用する ─── 129

第6章　論理的文章の構成　134

いよいよ、自らの「意見」を論理的な文章としてまとめる方法を紹介します。具体的には、段落の作り方、序論・本論・結論の3要素の作成法や配列の仕方、引用の方法などです。つまり、文章全体の大きな構造や引用などについての重要な点を、例文を加えてくわしく解説します。

6-1 段落の設定　─トピック・センテンスの重要性─
　　　─── 134
6-2 序論・本論・結論の3要素 ─── 140
6-3 頭括型・双括型・尾括型の3タイプ ─── 145
6-4 引用のルール ─── 153

終章　まとめ　160

最後に、これまで述べてきた論理的文章の読み取り法と作成法について、特に重要なポイントをまとめました。これを見てもらえれば、読み取り法と作成法の内容をあらためて確認することができます。ここに挙げた各ポイントにも注意しながら、第4章の方法を用いて論理的に思考するという作業を積極的に行って下さい。

あとがき　164

参考文献　166

さくいん　168

第1部
論理的文章の読み取り法

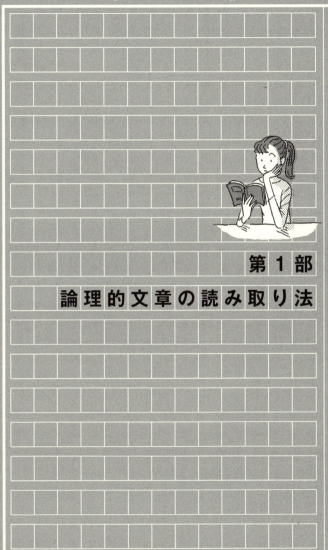

第1章
論理的文章の読み取り法
―「事実」ではなく「意見」に注目する―

　まず、「事実」と「意見」とはなにを意味するのか、簡単に説明しておきます。

「事実」とは客観的なもので、

> ❶ 自然界で起こる現象やそこから導かれた法則など（ただし、理論も加える）
> ❷ 人間界で起こった過去の出来事やそこから導かれた理論など
> ❸ 他者の発言（他者が発表した文章）をそのまま伝えるもの

などを言います。

「意見」とは主観的なもので、

> ❶ 個々の人間の判断・評価
> ❷ 個々の人間の思考・願望
> ❸ 個々の人間の推理・推量

第1章　論理的文章の読み取り法

などを言います。

では、次の2つの例文によって、「事実」と「意見」の区別がいかに重要なのかを説明しましょう。

【例文A】
①信家作と言われる或る鍔に、こんな文句が彫られている。②「あら楽や人をも人と思はねば我をも人は人とおもはぬ」。③現代人が、言葉だけを辿って、思わせぶりな文句だとか、拙劣な歌だとか、と言ってみても意味がないのである。④これは文句ではない。⑤鉄鍔の表情なので、眺めていれば、鍛えた人の顔も、使った人の顔も見えて来る。⑥観念は消えて了うのだ。⑦感じられて来るものは、まるで、それは、荒地に芽を出した植物が、やがて一見妙な花をつけ、実を結んだ、その花や実の尤もな心根のようなものである。

（中略）

⑧鉄鍔は、所謂「下剋上」の産物だが、長い伝統的文化の一時の中断なのだから、この新工芸の成長の速度は速かった。⑨平和が来て、刀が腰の飾りになると、鍔は、金工家が腕を競う場所になった。⑩そうなった鍔は、もう私の興味を惹かない。⑪鍔の面白さは、鍔という生地の顔が化粧し始め、やがて、見事に生地を

<u>生かして見せるごく僅かの期間にある。</u>(小林秀雄「鐔」
『小林秀雄全集 第十二巻』新潮社、2001年、ただし、原典の旧字・旧仮名づかいは現代表記にあらためた)

(注)鐔:刀剣のつかと刀身との間にはさむ平たい鉄板。

【例文B】

　①昼と夜の世界の環境が大きく変わる中で、昼行性の生物は夜間、活動を停止して巣にじっとしているのが得策です。②この時間帯は、外に出ても餌が見つからず、逆に天敵に襲われる危険性があります。③もともと巣は比較的安全な場所に作るので、夜間は、じっとしていた方が外敵にも見つからず、エネルギーの節約にもなります。④逆に夜行性の動物にとっては、明るい日中が危険な時間帯です。

　⑤そのため動物は、概日周期に合わせてじっとしている状態を作り出すようになり、じっとしている間は、必要最低限の神経などを除いて、細胞の「スイッチを切って」(これが原始的睡眠状態)、エネルギーを節約するしくみを作り出したの<u>でしょう</u>。⑥そのため、この間は、外界からの刺激にも鈍感になります。⑦なぜなら、刺激に敏感すぎると少々のことでも動いてしまい、かえって危険になるからです。

　⑧ところが、高等動物の場合は大脳が発達したため、

じっとしている時間帯を、積極的に他の目的に使うことにしました。

⑨覚醒中枢の働きが落ち原始的睡眠状態になっている間に、大脳の休息をしっかり取るために、別の中枢を使って、積極的に脳を休めるノンレム睡眠をしたり、脳の中で何らかの別の機能を行うレム睡眠を作り出したのです。⑩**ハエの研究者としては残念ですが、哺乳類はハエに真似できない高等な睡眠をしているとも言えます。**

⑪概日周期→覚醒中枢というしくみまでは、ハエを含む下等動物でも発達しましたが、その先に睡眠中枢はありません。⑫**動物だけでなく、植物にまである「概日周期調節機構(概日周期中枢)」、ハエなどの下等動物にもある「覚醒と原始的睡眠調節機構(覚醒中枢)」、そして、高等動物のみに備わった「高等な睡眠調節機構(睡眠中枢)」が、進化的に順に発達してきたと考えるとつじつまが合います。**(粂和彦『時間の分子生物学』講談社現代新書、2003年)

(注)概日周期:体内時計などともいわれ、生物に内在するほぼ24時間周期で変動する生理現象のリズム。

例文Aは、かの文芸評論家・小林秀雄氏の、刀の鐔について述べた随筆の一節です。一方の例文Bは、分子生物学者・粂和彦氏の著書の、動物の睡眠について述べた一節で

す。
　いずれが読みやすいでしょうか。おそらく大半の読者は、Bを躊躇なく挙げられたでしょう。それもそのはずです。小林氏のものは随筆ですので、はじめからわかりやすい文章を書こうという思いは少なかったでしょう。そもそも、随筆というものは、文章をくり返し読んで味わうためのものなのですから。ですから、読んでもらう前に実は勝負ははっきりしていて、正直にいえば八百長気味の問いかけだったのです。
　それはともかくとして、「事実」と「意見」の区別という点から、真面目に説明していきましょう。文章とその番号をゴチックで表記したものが「意見」文です。これに対して、ゴチックでないものが「事実」文です。
　まずAから。わかりづらいのは、④と⑥の２文です。特に④は、①の文で「事実」として「文句が彫られている」と記しておきながら、「これは文句ではない」とするのです。読み手は混乱して立ち止まらざるを得ません。あの小林秀雄氏がこんな簡単なことで間違いを犯す、とはまさか考えられませんので。となると、この「文句ではない」という１文は、「事実」を述べているのではないと判断するしかないでしょう。①はその銘文まで紹介しているので、「事実」と判断せざるを得ませんから。ですから、この④は正確には「これは文句ではない<u>と考えるべきだ</u>」などと記すべき１文です。
　また、⑥も「観念は消えて了(しま)うのだ」と言い切っていま

すので、「事実」のようにみえます。しかし、「観念」などという、それこそ観念的な言葉は現実を表しません。まさに観念を宿すであろう人間の脳内に存在する1つの概念を表す言葉です。それが消えてしまうというのは、広い意味では「事実」でしょうが、先に紹介した「事実」の範疇には入りません。このように区別の線引きがあいまいになるのは、自然言語の特性です。あまりイライラせずに、受け入れて下さい。したがって、⑥は「観念は消えて了う<u>といえるのだ</u>」などと記すのが正確でしょう。

　以上のような操作を加えると、なんとか文意が通じるようになります。つまり、①～⑦で「鐔の文句は、文句などと表面的に捉えるのではなく、鐔の表情として受け取るべきだ。その結果、文句の意味にこだわる観念などは消失し、鐔そのものが感受できるのだ」などと氏は述べているのです。

　④と⑥に比べると、⑩と⑪は明快です。ともに「意見」文として読めるでしょう。ですから、⑧から⑪では「平和になり鐔が金工家たちの腕を競う場になると、興味が持てなくなる。鐔に興味が持てるのは、その成長過程のごくわずかの期間である」と指摘しているのです。

　結局、「事実」と「意見」がはっきりと区別されていない①～⑦は、きわめてわかりづらいわけです。一方、それなりに区別された⑧～⑪は、一応は読み取れます。ところが、小林氏の「意見」としては、ともに理解しづらいでしょう。なぜかといえば、その「意見」に対応した根拠（「事実」）

が必ずしも明確ではないからです。①②が③以下の「意見」の根拠とは考えられません。同様に、⑧⑨が⑩⑪の「意見」の根拠とも考えられないでしょう。

　つまり、この文章では、書き手の「意見」(感想)が根拠を明らかにしないまま、述べられているに過ぎないのです。まあ、随筆だから許されるのでしょう。ですが、こういう文章は決して論理的な文章とはいえません。

　一方、Bはいかがでしょうか。Aに比べると、はるかに理解しやすいでしょう。やはり科学者の文章ですね(ただ１文が長いという難点はありますが)。「事実」文が多く、「意見」文は⑤⑩⑫の３文です。ただし、⑤は「意見」としては弱い推理・推量の表現(あとで説明します)が用いられています。おそらくこの「意見」は、仮説に近いものなのでしょう。

　しかも、それぞれに根拠(「事実」)が示されています。⑤では、①〜④が根拠であり、⑩では、⑧⑨が根拠です。また、⑫では①〜⑪のすべてが根拠といえるでしょう(実は、これより以前に述べられていることも根拠となるのですが)。つまり、これらの「事実」文が根拠となって、３つの「意見」文が導かれているのです。Aのように、通読の際に混乱することもありませんし、その内容も理解しやすいでしょう。

　したがって、Bのような文章が、論理的な文章といえるのです。

第1章 論理的文章の読み取り法

　要するに、両者の差は、「事実」と「意見」の区別が行われたか否か、「意見」を支える「事実」がしっかりと記されたか否かによるわけです。したがって、論理的文章を読み取るには、「事実」と「意見」をしっかりと区別することが重要なのです。もちろん、そのような文章を作成する場合も同様です。この点は、第5章で解説します。

　では、「事実」と「意見」についてくわしく説明していきましょう。

1-1 「事実」と「意見」とは

　「事実」と「意見」という区分は、物理学者の木下是雄氏の『理科系の作文技術』(中公新書、1981年)で、おそらくはじめて一般に紹介された考え方でしょう。この考え方は、

科学の基礎を支える実証的方法(「事実」を根拠として、ある「意見」や理論の正しさを立証しようとする方法)にとって不可欠なものです。

　こうした方法で作成された論理的文章に接する際、わたしたちは「意見」を読み取ることに注力しなければなりません。根拠となった「事実」は軽んじてよいのです。というのは、書き手は自らの独創的で新しい「意見」を伝えるために、さまざまな文章を作成するからです。

　さて、「事実」と「意見」とはなにかといえば、この本では以下のように定義しておきます。

> **「事実」とは**
> ❶ 自然界で起こる現象やそこから導かれた法則など（ただし、理論も加える）
> ❷ 人間界で起こった過去の出来事やそこから導かれた理論など
> ❸ 他者の発言(他者が発表した文章)をそのまま伝えるもの

の3タイプとします。つまり、「事実」とは客観的にその真偽を検証できるものと理解します。

　ただし、木下氏はダーウィンの進化論などの理論は仮説であり、十分な客観性がないので「意見」とされます。しかし、自然科学の基礎である物理学では、マクロの世界で

は古典力学を、ミクロの世界では量子力学を、それぞれ使い分けているのが現状です。したがって、各々の領域から導かれた個々の法則（エネルギー保存の法則など）が、完全に客観化（普遍化）されているとは必ずしもいえないでしょう。ある意味では、法則も仮説の領域に止まっているのではないでしょうか。

　他方、社会科学や人文科学の領域では、自然科学における客観的な法則のようなものは確立されていません。ですから、客観性の劣る理論が法則に準じて扱われることが多いのです。

　こうして自然科学だけではなく社会科学や人文科学を含めて考えると、法則と理論を客観性を基準として厳密に区分するのはかなり難しくなります。ですから、この本では理論を法則に準じるものとして「事実」に組み入れることとします。また、「事実」と「意見」の区別も相対的なものと理解するのが妥当でしょう。

　3タイプの「事実」は、具体的には次のような文となります。

❶
「昨夜9時頃に、雨が降った」
「物理学では、古典力学と量子力学とが並存している」
など
❷
「日本国憲法は、1947年5月3日に施行された」

「近代経済学には、数理的理論が存在する」
など
❸
「昨年の９月に、首相が『A』と発言した」
「この著書には『B』と指摘されている」
など

一方、

> **「意見」とは**
> ❶ 個々の人間の判断・評価
> ❷ 個々の人間の思考・願望
> ❸ 個々の人間の推理・推量

などで、主観的なものとします。つまり、客観的な「事実」と対比して書き手(発言者)の主観を表したものと理解します。

この３タイプは、具体的には次のような文となります。

❶
「会議での彼の発言を私は**評価する**」
「昨夜の雨は、**激しい**降り方だった」
「昨夜、雨が**かなり**降った」
など
❷

> 「1947年5月3日に施行された日本国憲法を**考える**」
> など
> ❸
> 「昨年の9月に、首相が『A』と発言した**ようだ**」
> など

　❶と❷が書き手(発言者)の「意見」だというのは、内容からも理解できるでしょう。他方、❸の推理・推量は、客観的な情報を前提としています。しかし、推理・推量する主体は発言した人物です。ですから、推理・推量も「意見」と考えるのです。

　注意してほしいのは、❶の2、3番目の例です。のちほどくわしく解説していきますが、日本語の文では通例、述部か主部に「意見」の表現が使われます。はじめのものは、その通例にしたがっています。一方、2番目のものは、名詞「降り方」の連体修飾語として形容詞「激しい」(発言者の主観、つまり「意見」を表す)が加えられています。3番目のものは、動詞「降った」の連用修飾語として副詞「かなり」(発言者の主観、つまり「意見」を表す)が加えられています。ですから、こうした語句が挿入されると、文全体が「意見」となってしまうのです。つまり、これらの文は本来、

> 「昨夜の雨は、激しい降り方だったと私は<u>判断する</u>(考える)」
> 「昨夜、雨がかなり降ったと私は<u>判断する</u>(考える)」

と書かれるべきで、書き手(発言者)である「私」の「意見」となるのです。

　こうした形容詞などを加えることにより、「日本人同士の議論・討論はかみ合わない」とよく言われることになってしまうのです。つまり、われわれはこうした主観的な修飾語(形容詞や副詞など)を無意識に加えてしまい、相手と同じ土俵から外れてしまうのです。そうなると、議論・討論がかみ合わないのは当然です。日本語表現と同様に、欧米の言語でも形容詞などを修飾語として使います。しかし、「事実」と「意見」の区別を言語教育の場でしっかりと伝えているので、こうした混乱はあまり起こらないようです。

　では、「事実」と「意見」を日本語表現にそくして、くわしく説明していきましょう。

1-2 「事実」の表現
名詞と動詞が中心となる
　さきほどの例文を再び掲げます。

❶
「昨夜9時頃に、雨が降った」
「物理学では、古典力学と量子力学とが並存している」
❷
「日本国憲法は、1947年5月3日に施行された」

> 「近代経済学には、数理的理論が存在する」
> ❸
> 「昨年の9月に、首相が『A』と発言した」
> 「この著書には『B』と指摘されている」

　これらからわかるように、「事実」文では基本的には名詞と動詞を中心に文が作成されます。なかでも時間、場所、数量などはできる限り具体的・詳細に記されます。数量を表す数詞も名詞に含まれるわけですから。実験データの整理などは、その典型です。たとえば、

> 「実験の結果、<u>多くの</u>誤差が生じることが判明した」

などではなく、

> 「実験の結果、<u>5％の</u>誤差が生じることが判明した」

などと記されます。

　このように、「事実」文はあいまいではなく明瞭に記されるはずです。
　しかし、日本語の文では、さきに指摘したように形容詞や副詞などが混入しがちなのです。注意が必要です。また、さきに引用した小林氏の「観念は消えて了(しま)うのだ」のように、中身にまで踏み込まないと判断しづらいものもありま

す。ただ、論理的な文章ではこうした用例はさほど多くないでしょう。

言い切りの文末表現

「事実」文では事柄を明瞭に記すため、あいまいな文末は避けられます。つまり、断定などの言い切りの文末が多用されます。現在の日本語の文では、こうした文末表現は表のように整理できます。

	動作を表す	状態を表す	断定を表す
常体の現在	〜する	〜ている	〜だ (〜である)
常体の過去	〜した	〜ていた	〜だった (〜であった)
敬体の現在	〜します	〜ています	〜です (〜であります)
敬体の過去	〜しました	〜ていました	〜でした (〜でありました)

未来の時制(「〜だろう」「〜でしょう」など)は推理・推量となりますので、含みません。「常体」とは、「〜だ(である)」などの文体をいい、敬体とは、「〜です(ます)」などの文体をいいます(第5章でも取り上げます)。ただ、「〜である」などを括弧でくくったのは、こうした文末は強い断定を表すものだからです。つまり、単なる断定では

なく、強めの断定を行った時に使用するのです。ですから、この表現がなんども登場してくると、読み手は疲れてしまいます。あまり使えないわけです。結局、「事実」の文末表現は、ほぼ表の12種ほどに限定されるでしょう。いささか貧弱です。したがって、文末表現はパターン化してしまいます。

しかし、これはやむを得ないでしょう。論理的文章は個性的で独創的な文章表現を味わう場ではないのですから。現に、さきに引用した粂氏の文章では、12の文のうち「です」「ます」が10文あります。残りの2文は、⑤では「でしょう」とあり、推理・推量を表しているのに対して、⑧では「ました」とあり、過去を表しているわけです。

 ## 1-3 「意見」の表現

日本語の文では、「事実」の表現が貧弱なのに対して、「意見」の表現は豊富といえるでしょう。以下に、説明していきます。

判断・評価

まず、論理的文章に多く使われる判断・評価の表現から。次の表に代表例をまとめます。

a. 述部の表現	b. 主部の表現	c. 文中の表現
〜と判断(評価)する。	判断(評価)するのは、〜	〜と判断(評価)するに、… 〜と判断(評価)すれば、…
〜と判断(評価)できる。	判断(評価)できるのは、〜	〜と判断(評価)できれば、…
〜といえる。	いえるのは、〜	〜といえるとすると、…
〜に注目する。	注目するのは、〜	〜に注目すると、… 〜に注目すれば、…
〜重要(必要)だ。	重要(必要)なのは、〜	〜重要(必要)なことに、… 〜重要(必要)だとすれば、…
〜大切(大事)だ。	大切(大事)なのは、〜	〜大切(大事)なことに、… 〜大切(大事)だとすれば、…
〜問題(課題)だ。	問題(課題)なのは、〜	〜問題(課題)だとすると、…
〜べきだ。	…べきなのは、〜	〜べきことに、…
〜ばならない。	…ばならないのは、〜	〜ばならないことに、…

(「重要(必要)だ」「大切(大事)だ」などは形容動詞に分類されますが、後に紹介する形容動詞などとは違い、これらはかなり頻繁に論理的文章に使われるのでここに掲げました)

　ご覧のように、日本語の文の「意見」は文中のどこにでも記すことができるのです。自在というか、無原則というか、柔軟に文を作れるのです。主部にこうした表現が使われるようになったのは、おそらく欧米の言語の影響でしょう。また、品詞の種類に注目すると、動詞、名詞、助動詞

(句)が使われます。

なかでも、助動詞句「〜ばならない」は複合語です。これは１単語１品詞で説明する学校文法の知識では理解できず、「意見」表現として見逃してしまいます。しかも、この助動詞句は、強い判断・評価を表すので見落としてはならないのです。

また、形容詞・形容動詞や副詞が使われる場合もありますので、まとめておきます。ただし、論理的な判断・評価としてはあまり使われません。

a．述部の表現	b．主部の表現	c．文中の表現
〜は素晴らしい。	素晴らしいのは、〜	〜素晴らしいことに、…
〜は激しい。	激しいのは、〜	〜激しいことに、…
〜は勤勉だ。	勤勉なのは、〜	〜勤勉なことに、…
〜は明朗だ。	明朗なのは、〜	〜明朗なことに、…
〜はたびたびだ。	たびたびなのは、〜	〜たびたびなことに、…

さらに、さきに紹介した例、

「昨夜の雨は、**激しい**降り方だった」
「昨夜、雨が**かなり**降った」

のように、形容詞や副詞は修飾語としても用いられます。

　もちろん、ここで紹介したのは代表例です。これらの事例から、ほかの用例も類推して下さい。

　【例文A】で紹介した小林氏の文章には、「意味がない」「見えて来る」「感じられて来るものは」「興味を惹かない」「面白さは」などの多様な表現が使われています。文章を味わう随筆にいかにもふさわしいものです。これらも、書き手の判断・評価を表すものと考えてよいでしょう。しかし、論理的文章に多用される表現ではありません。さきに指摘したように、根拠が示されないままであまりに主観的すぎるからです。

思考・願望
　次に、論理的な「意見」としては、ややあいまいな思考・願望の表現を紹介します。

a. 述部の表現	b. 主部の表現	c. 文中の表現
〜と考える(考えられる)。	考える(考えられる)のは、〜	〜考えるに、…
〜と希望する。	希望するのは、〜	〜希望するに、…
〜が希望(望み)だ。	希望(望み)は、〜	〜希望(望み)として、…
〜たい。	…たいことは、〜	〜たいことに、…

これらも代表例ですので、そのほかにもあります。やはり動詞、名詞、助動詞(句)が使われます。表に「思う」を加えていないのは、それこそ意外に思われたでしょう。実は、「思う」という動詞は、論理的思考の結果を表現するにはふさわしくないのです。「思う」は、感性的・瞬間的なもので、理性的にものごとを分析する時にはあまり使いません。

たとえば、

> 「データを分析した結果、今回のトラブルはAによる、と思う」

ではなく、

> 「データを分析した結果、今回のトラブルはAによる、と考える」

などと記すべきなのです。

推理・推量

次に、「意見」としてはもっとも弱い推理・推量についてです。ですから、第2章で明記しますが、読み取る際にはこのタイプを重んじません。ただし、【例文B】⑤の文「そのため動物は、概日周期に合わせてじっとしている状態を作り出すようになり、じっとしている間は、必要最低

限の神経などを除いて、細胞の『スイッチを切って』(これが原始的睡眠状態)、エネルギーを節約するしくみを作り出したの**でしょう**」のように、仮説に近いものを記す場合もあります。

a. 述部の表現	b. 主部の表現	c. 文中の表現
〜と推理(推量)する。 〜は推理(推量)だ。	推理(推量)することは、〜 推理(推量)は、〜	〜推理(推量)するに、…
〜はずだ。	…はずなのは、〜	〜はずだとすると、…
〜らしい(だろう)。	…らしい(だろう)ことは、〜	〜らしい(だろう)とすると、…
〜かもしれない。	…かもしれないことは、〜	〜かもしれないとすると、…

これらも動詞、名詞、助動詞(句)が使われます。表にある表現は代表例ですので、そのほかは類推して下さい。

※反語や二重否定など

続いて、以上の3タイプに含まれない反語や二重否定などの強調表現を解説します。

・反語

反語は現代日本語の文によく登場します。例としては次のようなものです。

「〜だろうか(いや、そのはずはない)」

> 「〜ではないだろうか(いや、そのはずだ)」
> 「〜ではなかろうか(いや、そのはずだ)」

などです。省略された部分、つまり括弧内の「いや、そのはずはない(そのはずだ)」が「意見」となるわけです。これは、さきの分類からいうと、推理・推量となります。しかし、強調されているので、注意しなければならない表現といえます。

・二重否定

　例をあげると、次のようなものです。

> 「〜ざるをえない」「〜ほかはない」「〜ほかならない」
> 「〜以外にない」「〜不可欠だ」(「〜ちがいない」)など

　これらは、直前に入る動詞によって判断・評価、思考・願望、推理・推量などの意味にわかれます。ただ、「〜ちがいない」は推理・推量の意味以外では使わないでしょう。

　いずれにせよ、二重否定では判断・評価、思考・願望などが強調されているわけで、注意するべき表現です。

※主語などの特定の語句を強調する表現

　最後に、特定の語句を強調する表現を紹介しておきましょう。ただし、反語や二重否定などに比べると、使われる場合は少ないでしょう。

・主語などを強調する表現（定義規定の表現ともいいます）

> 「～とは、……」
> 「～という語句は、……」
> 「～というAは、……」

などです。これらの表現は、□で囲った語句が文中で重要な意味を持つものとして、強調されているのです。□で囲った語句とその定義された意味に注意する必要があります。

　この表現は、□で囲った語句の定義を前提として、論理をスタートさせる場合にしばしば用いられます。たとえば、

> 平和とは、戦いのない状態として定義しておきたい。こうした立場から、日本を含む東アジアの現状を分析していくと、……

などと記述するようなものです。こうした抽象的な定義を前提として論理を進める手法を演繹的な方法といいます。第4章で再び触れます。

・主語以外の語句も強調する表現

> 「～こそ……」「～さえ……」

などです。これらの表現は、その強調のあり方がややあい

まいです。重要度は、時と場合によって変わります。ですから、常に注意が必要とは言いにくいものです。ただ、かなり重要な内容が記される場合もありますので、一応は注意してほしいものです。

　この３タイプは、はじめに紹介した基本的な３タイプと組み合わせて使われる場合が多いようです(ただし、「主語などの特定の語句を強調する表現」は独立して用いられることが多い)。すると、「意見」表現の強弱について、「判断・評価」「思考・願望」「推理・推量」の順に弱まっていくなどと単純にはいえなくなります。そこに「反語」や「二重否定」が加わることにより、強弱が逆転することも生じます。くわしく読み取らねばならない場合は、注意して下さい。

　以上のように、現在の日本語の文では「意見」の表現は、かなり豊かです。「事実」の表現の貧弱さに比べると、きわめて豊かだといえるでしょう。もちろん、これは現代だけではなく、以前からあった日本語の文の特性と考えられます。古文の文章表現を通して、ある程度、近代以前のこうした特性を感じられたことでしょう。ですから、客観的な「事実」を伝達する実用的な文章では、漢文がもっぱら使われたのです。

　これに対して、近代以後の日本語の文は、欧米の言語の影響によりかなり変化しました。しかし現状では、日本語

の文のこうした特性が大きく変化したとはいえないでしょう。絶対的な神（つまり客観の視点）の不在や、場（空気）を優先する日本人の精神的特性と関係があるのでしょう。それはともかく、理系の知識人のなかには、こうした日本語では論理を扱えない、と主張する方もあるようです。

　ところが、それではいつまで経っても、日本語を用いて一定の論理を扱えるようにはなりません。われわれは、以上のような日本語の特性を十分に意識しながら、論理的な文章に向かうべきです。そのためにも、「事実」と「意見」を一定程度、区別しなければならないのです。

第2章
要旨の読み取り方

2-1 読み取り法の7つのポイント

まず、論理的文章を的確に読み取る7つの方法を示します。各々のポイントについては、あとでくわしく説明します。

ポイント1 文書全体の第1段落か最終段落に注目する ＝結論であることが多い

ポイント2 各段落の第1文か最終文に注目する ＝トピック・センテンス（各段落の要点を述べた文）であることが多い

ポイント3 要約の接続語に注目する

ポイント4 肯定的で一般的な記述に注目する（否定的記述や事例〈エピソード〉〈たとえ〉、理由説明の記述、引用部分などを軽んじる）

ポイント5 「意見」文（反語や二重否定も含む）に注目する（ただし推理・推量は除く）

ポイント6 3タイプの接続語に注目する

ア. 逆接の接続語

イ. 対比（比較）の接続語

ウ. 話題転換の接続語

ポイント7 問答文―疑問文とそれに対する回答文―に注目する

　これら7つの方法を駆使して、論理的文章が正確に読み取れることを以下の例文を用いながら、解説していきましょう。

　その前に、例文の書体や記号などについて説明します。**ポイント1**〜**ポイント7**の内容については、のちほどくわしく説明します。
・太い実線で囲ったものが要約の接続語 **ポイント3**
・ゴチック体で示したのが「意見」の文 **ポイント5**
・太いアンダーラインを引いた部分が「意見」を表す語句 **ポイント5**
・二重アンダーラインを引いた部分が反語や疑問を表す語句 **ポイント5** **ポイント7**
・細いアンダーラインは、否定的記述や事例 **ポイント4** のなかで軽い「意見」を表す語句や推理・推量を表す語句
・細い実線で囲ったものが逆接や対比（比較）、話題転換などの接続語 **ポイント6**

　このように、文の位置や語句の表現、接続語などに注意して読んでいきます。すると、論理的文章の重要な部分（つまり書き手の言いたいこと＝「意見」）がおのずと浮かびあがってきます。その「意見」を支えるために「事実」は記さ

れるのです。したがって、「事実」は軽んじてかまいません。つまり、論理的文章では取り上げられた話題に対する書き手の「意見」(「AはBである」という命題)を読み取るのです。ただし、両者の区別はあいまいな面もありますので、相対的に区別すればよいと考えて下さい。

読み取りの事例1

では、論理的文章のモデルを3つ紹介します。まず、第1章で紹介した物理学者の木下氏の日本語論の一部分です。

【例文A】

① **正当に簡潔化された表現は一般に明晰になる**。これは簡潔化の過程ではあいまいな点をとことんまで追いつめないわけにはいかないからで、その極致が数学の表現である。だから、物理学者の議論は、一般的にいって筋がはっきりしていて、要約しやすい。これは決して「物理学者の議論は一般的にいって正しい」と言っているのではない。仮定がわるければ結論はまちがうにきまっているし、途中の論理に落ちがある場合も稀でない。ただ、まちがっている場合にも、どこがおかしいかを指摘しやすいのが「筋がはっきりしていて要約しやすい」議論の特徴である。

② これに反して 文科系のひとの話はどうもそれほど単純でないことが多いようだ。私は、かつて、安倍

能成先生が卒業式だか入学式だかでされた訓辞を聞いていて、「これはとうてい要約できない話だな」と感じたことをおぼえている。要約できなかったぐらいだから、もちろん何が主題なのだかわからなかった。つぎつぎに話題を転じながら話はなめらかに進んだが、話題のつながり方はいわば連句のつけ方のようなもので、論理的連関があろうとは思えなかった。それでいて、安倍さんの風格というか、体臭というか、そんなものだけはつたわるのだからふしぎな訓辞であった。

3 こういう高級な話し方も訓辞や講演なら必ずしもわるくない。しかし、具体的なことをきめるべき会議の席では困る。私は、学術会議主催の公聴会に出席して、〈要約できない〉話が多いのにおどろき、かつ閉口したことがある。文科系の諸氏の発言にとくにその例が多かった。文学は本質的に要約のできないものかもしれないが、実務の会議では〈要約できる〉話をすべきである。むしろ要約だけをしゃべるべきだ。

4 欧米人の手紙は、まったくの個人的な消息や感懐を書きつらねてくるときは別として、用事の場合にはおそろしく簡潔である。「ますます御清栄の段……」とか「時候不順の折柄……」とかいう文句は一切ぬきで、用件ではじまり、それだけで終わる、数行のものが少なくない。慣れないうちは、味気ない感じもする。その代り、手紙を出せば、アッという間に返事が返ってくる。用事の手紙はそれでいい──そのほうがいい

第2章　要旨の読み取り方

> —**のではないか**。(木下是雄『日本語の思考法』中公文庫、2009年)

では、本文について段落ごとに解説します。

第1段落では、第1文がトピック・センテンスとみなせます ポイント2 。第2文以下はそれを補足したものです。くわしく説明しましょう。

第1文の述部の表現「明晰になる」は「判断・評価」の表現で、「意見」文です ポイント5 。また段落の第1文であり ポイント2 、さらに肯定的で一般的な記述でもあります ポイント4 。ですから、トピック・センテンスの可能性が高いのです。

第2文の前半は第1文の理由を述べており、後半はその典型例として数学が挙げられています。これらは、「理由説明の記述」「事例」 ポイント4 に当たりますので、軽んじてよいのです。

第3文は第2文の結果として、数学を用いる物理学者の議論は明快だとしています。これは「意見」文ともみなせますが、事例についての意見なので、軽んじてよいでしょう。第4文以下は、その補足として物理学者の議論は常に正しいわけではないが、筋が通っていて明快だとくり返します。これらも軽んじてよいでしょう。

以上から、第1文が「意見」を明確に述べたトピック・センテンスと判断してよいことがわかります ポイント2 。つ

まり書き手は、正当に簡潔化された表現は一般に明晰になる、という肯定的な一般論を示しているのです ポイント4 。

　第2段落は、第1文冒頭の「これに反して」という対比（比較）の接続語 ポイント6 で始まります。述語もやや弱いものの「意見」の表現となっています（推理・推量の「ようだ」がありますので） ポイント5 。したがって、トピック・センテンスの可能性が高いといえます。その内容は、文科系の人の話は明快ではなく複雑だと指摘します。第1段落の第1文との対比（比較）関係も明快です。

　第2文以下の4文では、それを具体的に根拠づける書き手自身のエピソードが記されています。第4文に逆接の助詞「が」があります。ですが、エピソードの中ですから、注意する必要はありません。つまり、第2文以下は、すべてエピソードとみなして軽んじてよいのです ポイント4 。したがって、第1文がやはりトピック・センテンスと判断できるのです。しかし、この段落は第1段落と反対のエピソードとそのまとめが記されていると判断し、あまり重視しなくてよいでしょう。

　第3段落では、第1文が「必ずしもわるくない」と否定的意味も含む記述で、また前段落のエピソードに対する「意見」なので、軽んじてよい ポイント4 。ですから、第1文はトピック・センテンスではありません。けれども、第2文冒頭に逆接の「しかし」 ポイント6 があり、これ以下の記述

に注目が必要です。ところが、第2、3文の述部には、「困る」や「閉口する」などの否定的記述 ポイント4 があります。したがって、この2文はあまり重んじなくてよいわけです。次の第4文は第3文の補足です。

そこで、第5文の逆接の助詞「が」に注目すると ポイント6 、その述部に「べきである」と記され、最終文も「べきだ」とくり返された「意見」文と確認できます ポイント5 。よって、この2文がトピック・センテンスとみなせます。ですが、最終文は単なるくり返しなので、第5文をトピック・センテンスと理解します。したがって、書き手は、実務の場では要約できる話をするべきだ、と述べているのです。

第4段落では、第1文が欧米人の手紙の話から始まり、「簡潔である」と判断・評価の「意見」が明記されます。しかし、話題がこれまでの記述とはあまり関連のない「手紙」です。ですから、第1文は、事例に転じていると考えてよいでしょう。第2～4文は、その手紙についての記述が続いています。最終文には「用事の手紙はそれでいい―そのほうがいい―のではないか」と反語が明記されています ポイント5 。第1文といずれがトピック・センテンスでしょうか。簡明な文は最終文です。したがって、こちらをトピック・センテンスとみなします ポイント2 。しかし、この段落全体が「手紙」という事例についてのものです。結局、最終文のトピック・センテンスも軽んじてよいでしょう ポイント4 。

したがって、読み取るべきは、第1段落と第3段落となります。両者の関係は、第1段落が一般的な前提で、第3段落が具体的な「意見」です。このような議論の進め方は、帰納法とは逆で、演繹法と呼ばれるものです(第4章で触れます)。したがって、両者の間に因果関係の接続語などを補って、つなぐのが妥当でしょう。つまり、書き手の主張(「意見」)は、「正当に簡潔化された表現は明晰になるので、実務の場では要約できる話をするべきだ」と読み取れるわけです。

では、ここで読み取り法を各ポイントについてくわしく説明していきましょう。

 ## 2-2 全体を大きく捉えるには

ポイント1 文書全体の第1段落か最終段落に注目する
=結論であることが多い

第6章で紹介するように、論理的な日本語の文では結論を第1段落か最終段落に記すのが一般的です。したがって、読み取る場合にそれを応用するのです。ただし、当てはまらない場合もありますので、これのみに頼らないで下さい。

ポイント2 各段落の第1文か最終文に注目する =ト

第2章　要旨の読み取り方

ピック・センテンス(各段落の要点を述べた文)であることが多い

　これも第6章で紹介するように、論理的な日本語の文では各段落の要点をまとめたトピック・センテンスを第1文か最終文に記すのが一般的です。英文のように、必ずしも第1文とはなりません。読み取る場合に、やはりそれを応用するのです。ただし、論理的な日本語の文のなかにはそのような書き方をしていない文章もあります。特に、文学や哲学・思想などの典型的な文系の文章では、こうしたルールを意識していない筆者が多いのです。ですから、この方法が使えないので、注意して下さい。

ポイント3　要約の接続語に注目する

代表的なものは、

> 「要するに」「結局」「いずれにせよ(いずれにしても)」「以上のように」「このように(こうして)」「かく(し)て」「まとめると」「手短にいえば」「端的にいうと」「約言すれば」

などです。

「つまり」(「すなわち」)も単なる言い換えではなく、直前の長い記述内容を要約する場合があります。

これらの例やのちほど取り上げる【例文B】第5段落の「このように」(【例文C】の第11段落の「すなわち」)などからわかるように、やはり日本語の文では、まとめの重要な記述が段落や文章全体のなかば以降に記されることが多いのです。それが、 ポイント1 や ポイント2 で最終段落と最終文を加えた理由です。また、これらの接続語は必ずしも1単語1品詞ではありません。ですから、学校文法では取り上げられません。しかし、非常に重要な役割を持つので、十二分な注意が必要です。

ポイント4　肯定的で一般的な記述に注目する(否定的記述や事例〈エピソード〉〈たとえ〉、理由説明の記述、引用部分などを軽んじる)

これは内容に着目して整理したポイントなので、ややくわしく解説します。「肯定的で一般的記述に注目する」というまとめは、【例文A】第1段落第1文に当たります。すこし漠然としすぎていて、わかりにくいでしょう。ですから、カッコ内に補った逆のまとめの方に注目して、理解して下さい。

　まず、否定的記述は二次的な情報であり、わかりにくいのです。たとえば「なにが好きですか」と問われていながら、「Aは嫌いです」と答えるようなものです。つまり、質問者は特定の回答を想定しながら問いかけているはずです。ところが、さきの答えですと、A以外のなにが好みなのかを答えていないわけです。答えとしては不十分なのです。これと同様に、否定的記述は不十分な情報なので、軽んじてよいわけです。

　次に、事例・エピソード・たとえなどは「事実」と考えます。事例・エピソードは言うまでもなく「事実」と理解できるでしょう。たとえも同じです。つまり、事例をわかりやすく説明するために他の事物にたとえているのです。たとえば、ある人物像を他者に伝えるときに「太陽のような人」などと言います。これは、「(太陽のように)明るくエネルギッシュな人」という意味です。ですから、事例と同じレベルの情報なのです。いわば、平面上の線分などを平行移動しているようなものです。ただし、書き手の主観的な判断・評価(「意見」)が入りやすくなるので、論理的文章にはほとんど使われません。

また、理由説明の記述も判断・評価(「意見」)を下した理由として記述される部分で、本来、なくてもよい部分です。さらに、引用はすでに公表された他者の「意見」の紹介なので、「事実」とみなせるのは第1章で説明した通りです。

　以上のように、これら6種類(否定的記述・事例・エピソード・たとえ・理由説明の記述・引用)の部分は軽んじてよいのです。

2-3 細部を詳しく捉えるには

ポイント5 「意見」文(反語や二重否定も含む)に注目する(ただし推理・推量は除く)

　すでに第1章でくわしく説明したように、「意見」文は常に重んじるべきものです。ただし、推理・推量の表現は不確かな「意見」といえるので、軽んじるのが原則です。また、各々の「意見」表現の強弱にも注意して下さい。

ポイント6 3タイプの接続語に注目する

ア．逆接の接続語

　代表的なものは、

「しかし」「しかしながら」「けれども」「だが」「ところ

> が」「～が、……」「～にもかかわらず、……」「～ものの、……」

などです。

　逆接の接続語は、単に前後の文脈を逆転させるだけではありません。多くの場合、書き手が真に述べたいことを記す時に用いるのです。これは、十分に承知して下さい。【例文A】の第3段落の「しかし」や「が」を見れば理解できるでしょう。ただし、次に説明するイの対比（比較）の接続語と同様の働きで用いる時もあるので、注意が必要です。もう一点、文章作成の際には「が」（逆接の接続助詞）を何度も使わないようにすることです。「が」を多用すると1文が長くなるし、逆接でない場合でも使ってしまうからです。

イ．対比（比較）の接続語
　代表的なものは、

> 「一方」「他方」「逆に」「これに対して」「これとは反対に」（【例文A】の第2段落の「これに反して」も同様）「これに比べると」「これとは逆に」

などで、文中に入ると「～に対して……」「～に反して……」「～に比べると……」「～とは逆に……」などとなります。

これらの接続語は、前後の記述内容を対比(比較)する時に用います。たとえば、自己紹介などをする時に、自分のことをしゃべり続けるのではなく、自分と比較できるタレントなどの特徴を取り込みながらしゃべると皆によくウケル、などという場合です。その典型的な用法が二項対立の仕組みを示すものです。例をあげると次のようなものです。

> 【例文】
> 　たとえば、「すべてのカラスは黒い」という説は、一羽でも白いカラスを見つければ反証されるので、科学的である。 しかし 、「お化け」が存在することは検証も反証もできないので、その存在を信じることは非科学的である。 逆に 、「お化けなど存在しない」と主張することは、どこかでお化けが見つかれば反証されるので、より科学的だということになる。 一方 、「分子など存在しない」という説は、一つの分子を計測装置でとらえることですでに反証されており、分子が存在することは科学的な事実である。(酒井邦嘉『科学者という仕事』中公新書、2006年)

　この例文は、科学とはなにかということを説明する際に述べられた箇所です。この前の記述で、科学の特質として「反証可能性」(間違っていることを証明できる可能性)があげられます。これをわかりやすく説明するために、科学

と非科学とが対比（比較）されるのです。これが二項対立の仕組みです。第2文の「しかし」は、アで指摘したように、「一方」などの対比（比較）の接続語と同じ働きです。ただ、最終文の「一方」は、述部の内容からすると、「また」などでも文意は通るかもしれません。

　以上のような用い方をするので、対比（比較）の接続語は論理的文章すべてに登場するものではありません。

ウ．話題転換の接続語
　代表的なものは、

「ところで」「では」「それでは」「さて」

などです。

　あとで取り上げる【例文B】の第2段落冒頭の「さて」、第3段落冒頭の「それでは」で理解してもらえるでしょう。特に段落の冒頭にこれらの接続語があると、文脈の方向が大きく変わります。したがって、注意が必要です。方向を変える力は「さて」が最も弱いのですが、残り3者の差は微妙です。

※順序を表す接続語
　やはりあとで取り上げる【例文C】にたびたび用いられている「第1に」「第2に」のほか、「次に」「終わりに」など

の順序を表す接続語も注意すべきものに加えてよいかもしれません。この接続語は、対等のものを順序よく並べて述べる場合に使います。ですから、議論の進め方がよくわかります。ただし、使用される場合はあまり多くないでしょう。

ポイント7 問答文―疑問文とそれに対する回答文―に注目する

疑問文が問題を提起し、回答文でその答えを示します。これも【例文B】の第3〜5段落や【例文C】の第1、9段落などで使用されているので、理解してもらえるでしょう。「意見」をそのまま提示してもよいのですが、この方法を使うと読者を書き手の論理に引き込むことができるのです。ですから、書き手がとくに重要とする「意見」を示すときや、文章の冒頭に使う場合が多いようです。ただし、疑問文と回答文が離れていると、読みにくくなります。また、この問答文も論理的文章すべてに使われるものではありません。

以上が、論理的文章を的確に読み取る方法のポイントです。しかし、はじめの **ポイント1** **ポイント2** といった、文が記された位置のみから、重要な記述部分を読み取ろうとするのはやや危険です。**ポイント3** 以下の手がかりも活用して下さい。より確実に、重要な箇所がわかるはずです。ただし、これらがない場合は、**ポイント1** **ポイント2** を手がかりとするほ

かないでしょう。

2-4 読み取り法の実践
読み取りの事例2

　読み取り法の具体的な説明として、【例文A】だけでは不十分でしょう。ですから、次に、経済学者の岩田規久男氏の経済学入門書からの一部分を取り上げます。

【例文B】
　①経済学の<u>重要な目的</u>の一つに、ものやサービスの価格がどのように決まるかを明らかにすることがある。ここに、もの（経済学では正確には、財という）とは目に見えるものをいい、サービスとは目に見えないものをいう。例えば、鉄道に乗ることは、鉄道輸送という目に見えないものを消費することなので、そのとき消費するものを鉄道サービスとか、鉄道輸送サービスという。

　② さて 、価格決定のメカニズムを明らかにすることが<u>重要なのは</u>、価格が私たちの暮らしに大きな影響を及ぼすからである。例えば、コメや野菜や魚や肉といった基礎的な食料品の価格が高騰すれば、家計のやりくりは大変になる。もっと深刻で劇的な例としては、一九七三年の第一次石油ショックがある。このときに

は、石油価格が半年で四倍にもはね上がり、日本経済はパニックに陥って売り惜しみと買いだめが横行し、スーパーの棚は空っぽになり、お金があってもものが買えないという事態が発生した。また、八〇年代後半には、首都圏で住宅地の価格が一年で一挙に二倍近くもはね上がり、それまで土地を持っていなかった人にとってマイホームの取得は絶望的になった。

3 それでは、そもそも、ものやサービスに価格がついているのはなぜだろうか。ただでは売ろうとする人がいないからだというのが正解のように思われる。これは八割方正解といえるが、必ずしも当てはまらない場合がある。例えば、私たちは毎日のように道路を歩いているが、通行料という価格に相当するものを取られることはない。道路はただで利用できるのである。ところが、自動車で高速道路を走ろうとすると、高速道路料金を取られる。鉄道を利用する場合には、切符を買うか定期券を購入するかしなければ、改札口を通してくれない。さらに、**絶対に座りたければ、乗車券に加えて座席指定券も買わなければならない**(但し、座席指定券が売られている場合の話であるが)。

4 右の例から、ものやサービスに価格がついているのは、その利用を誰か特定の人に限定するためであるといえそうである。普通の道路は誰が歩いてもかまわないから通行料金を取られないが、高速道路は通行料金を払う人にのみその利用を許可している。したがっ

> て、高速道路の通行料金はそれを支払う人にだけ高速道路の利用を限定するために存在している<u>といえるだろう</u>。同じように、**鉄道の座席指定券も座席の利用を座席指定券を買った人に限定するために存在する<u>といえる</u>。**
>
> ⑤ このように 考えると、**価格はものやサービスの利用を特定の人に限定するための手段の一つであることが分かる**。ここに、「手段である」といわず、「手段の一つである」と述べたのは、価格以外にもいくつかの手段があるからである。例えば、右で例にあげた鉄道の自由席については、早い者勝ちでその利用者を決めている。高校や大学や私立学校は、合格点を取得し、かつ、入学金と授業料という価格を支払った者に、授業を受けることを許可しており、利用者を限定するうえで、「合格点」と「入学金・授業料」という二つの手段が用いられている。(岩田規久男『経済学を学ぶ』ちくま新書、1994年)

では、本文を解説していきましょう。

第1段落では、第1文がトピック・センテンスとみなせます **ポイント2**。第2文はその補足で、第3文が事例(「事実」)です。ですから、書き手はこの段落で、経済学の重要な目的の1つに価格決定を明らかにすることがある、と指摘しているのです。

第2段落では、やはり第1文がトピック・センテンスとみなせます。冒頭の「さて」は小さな転換ですので、あまり注意しなくてよいでしょう。第2文以下はすべて事例です。ですから、この段落の要点は、価格決定のメカニズムを明らかにするのは、価格が暮らしに影響を及ぼすからだ、と読み取れます。

　第3段落では、冒頭の「それでは」で記述の方向を変え ポイント6 、問題提起の疑問文が記され、直後の第2文で回答が明記されます ポイント7 。つまり、価格がついているのは、ただでは売る人がないからだとします。しかし、述部には「ように思われる」とあり、不確かな回答です。現に、第3文では「八割方正解」とあります。したがって、問答はまだ完結していません。最終文は明確な「意見」文ですが、事例に対するものなので重視しません。

　第4段落では、やはり第1文がトピック・センテンスとみなせます。ところが、この述部でも「いえそうである」として、明確な回答として記されません。後続の文では、「道路」や「鉄道」の利用法を取り上げ、第1文を事例として補足します。終わりの2文も「意見」文ですが、やはり事例に対するものなので重視しません（第3文は「いえるだろう」とあり、推理・推量も加わっています）。

　第5段落では、第1文冒頭に要約の接続語「このように」

第2章　要旨の読み取り方

ポイント3 があり、「価格はものやサービスの利用を特定の人に限定するための手段の一つであることが分かる」と明記されています。これが第3段落で提起された問題に対する回答となり、ここで問答文が完結して一応の結論となります **ポイント1**。第2文は、「手段の一つ」としたことの補足説明で、第3文以下はそれを支える事例です。

したがって、書き手の主張（「意見」）として、「経済学の重要な目的の一つとして価格決定のメカニズムを明らかにすることがあり、価格は日常生活に影響を及ぼし、その価格はものやサービスの利用を限定するための手段の一つである」と述べられていることがわかるのです。

読み取りの事例3

最後に、経済学者の橘木俊詔氏が、教育格差について論じた著書の一部分を取り上げます。

【例文C】

①機会の平等についてみた場合、日本の教育の特質はどのようなものになるだろうか。その特色をここで整理してみよう。そして、それが日本の教育格差とも密接に関係してくるので、同時に格差是正のための案についても考えてみよう。

②第一に、日本では、子どもの教育は主として親や

家庭に責任があると考えられてきた。そのことが、義務教育段階を終えた後の高校や、特に大学における高額な学費の負担を容認する背景ともなってきた。高校、大学に進学するのも、子ども本人や親、家庭が自由に決めること。だからその経済負担は、本人や親、家庭が担うべき。こうした考えが生まれることになるわけである。

3 日本では、国立大学の学費は年額五〇万円を超え、私立大学であればその二倍以上となる。アメリカ以外の国と比較すれば、先進国のなかでは最高の額である。しかもアメリカの場合は学費は高いが、奨学金制度が充実している（もっとも本書でも述べたように、現在では、学資ローンの問題など別の側面が現れてきている）。 しかし 、日本の場合は、学費が高く、奨学金も充実していないのである。

4 したがって、**日本は、突出して家庭に教育費負担を強いている国といっても過言ではない**。そのことは、OECD諸国のなかで公的教育費支出の対GDP比が最低レベルであることによって如実に示されている。日本では教育は私的財とする意識が強く、教育費の負担を家計に押しつけているのである。**もっと公費による教育費支出を増やす必要があることは、くり返し主張したつもりである**。最近になって民主党政権下で実施された高校の授業料無償化政策は、その第一歩として評価できる。奨学金の充実も望まれるところである。

5 第二に、第一のことと関係するが、日本では公立校よりも私立校のウェイトが高いという特色がある。もちろん義務教育の場合はそうではないが、高校、特に大学にあっては圧倒的な比率で私立大学が多数となっている。このことは、国の教育費支出を抑える一つの理由になっているのである。本書でも、公立校と私立校の違い、そこに新たな格差が生じていることなどについて詳しく論じた。

6 もちろん、**私は私立大学の意義を否定しているのではなく、独自の建学精神や教育方針は尊重されるべきだと考えている**。したがって、あまりにも家計負担に依存している状況においては、国公立大学への支出額と同等とまでは主張しない が 、**もっと多くの公費（すなわち私学助成金）を私立大学に投入してよいのではないかと判断する**。

7 第三に、高校における一部の私学優勢の特色は、塾や予備校などの学校外教育の役割が大きいことにも反映されている。欧米などの諸外国には塾や予備校などはほとんど存在しておらず、したがって、学校外教育の存在は、日本の特殊な状況にある。

8 学校外教育をどれだけ受けられるかが、名門高校や名門大学に進学できるかどうかの一つの鍵になっている。学校外教育を受けることができるのは、ある程度、豊かな家庭の子どもに限られる。貧困家庭では無理である。**その意味では、教育の機会平等を阻害して**

いるともいえる。

⑨こうした問題に対しては、どのような対策が考えられるだろうか。二つの案がある。

⑩第一に、小・中学校、あるいは高校まで含めて、一学級あたりの生徒数を大きく減少させて、少人数教育を徹底させる案である。**そのためには、教員の数を増やすことや、優秀な教員を確保するための待遇の改善なども必要である。**したがって、ここでも公的教育費支出の増加は不可欠である。

⑪第二に、高校無償化政策を例にとれば、これによって家計負担が軽くなることを意味する。その分を塾などの学校外支出にまわせば、より多くの子ども・生徒が学校外教育を受けることができるようになる可能性はある。 すなわち 家計への教育費補助などを増加する方策である。

⑫**私としては、第一の案のほうがよいと考える。**学校外教育が日本的な特色であり、重い家計負担や教育格差を生む背景となっている。したがって、学校外教育にそれほど頼らなくてもすむほうへ向かうのは、第一の案だからである。（橘木俊詔『日本の教育格差』岩波新書、2010年）

では、やや長い文章ですが、解説してみましょう。

第1段落では、第1文が問題提起の疑問文 ポイント7 で、

その回答はまだ記されません。しかし、第2、3文の「整理してみよう」と「考えてみよう」の「意見」文でその方向が示されます ポイント5 。

第2段落では、第1文がトピック・センテンスとみなせます ポイント2 。しかし、文頭に「日本では」とありますので、文末の「考えられてきた」は書き手の「意見」ではありません。注意して下さい。つまり、この文は過去の「事実」として記されているのです。第2文以下は、ここから派生した教育に対する一般的な考え方が紹介されます。

第3段落では、逆接の「しかし」で導かれた最終文がトピック・センテンスです ポイント6 。日本の教育費が高く、自己負担も大きいことを指摘しています。第1〜3文は、アメリカとの比較を通して具体的な事例として説明が補足されます。

第4段落では、「意見」文が4文もあります。どの文を重んじるべきなのか、考えねばなりません。第1文はその内容から、前段落の続きとしての「意見」文であるのが理解できるでしょう。第2、3文もその継続です。こうした「事実」を前提として、第4〜6の「意見」文が記されているのです。したがって、第4文以下の「意見」文を重要視するべきなのです。結局、書き手の「意見」として、教育費の公的な助成を主張しているのです。

第5段落では、第1文がトピック・センテンスとみなします。冒頭に「第二に」とありますので、第4段落までの第1の特質に加えて新たなものが指摘されるのです。それが、日本では私立校の存在が大きい、ということです。

　第6段落では、「意見」文がまた複数あります。しかし、今度は第2文の途中の逆接の「が」に留意して、第2文を重んじるべきだと判断します。第1文の「意見」は、前段落との関係は認められますが、第4段落の複数の「意見」とは関連性が弱いでしょう。したがって、第2文の、私立大学にも公費を投入するべきだとの主張を重んじるのです。

　第7段落では、第1文がトピック・センテンスとみなします。文頭に、「第三に」とあるので、3番目の特質が述べられるのです。つまり、書き手は、日本では学校外教育の役割が大きいことを指摘します。

　第8段落では、最終文の「その意味では、教育の機会平等を阻害しているともいえる」の「意見」文を読み取ればよいでしょう。つまり、前段落で指摘した学校外教育の存在が、教育の機会平等を阻害していると主張しているのです。この第8段落までが第1段落で示された「日本の教育の特質」の整理といえるでしょう。

第2章　要旨の読み取り方

　第9段落では、第1文で問題提起の疑問文が記され、第2文でそれに対する回答が2案あると記されます(ただし、具体的な回答は第10、11段落に記されます)。ここからが、やはり第1段落で示された「教育格差是正のための案」と理解できます。

　第10段落では、第1文に具体的な回答が記されます。しかし、第2、3文にも「意見」が明示されます。ここで、具体より一般的なものを重んじる、という ポイント4 を思い起こして下さい。これにより、第3文の「公的教育費支出の増加は不可欠である」という「意見」文を重視します。

　第11段落では、第2の案として第1文に具体的な回答が示されます。しかし、ここでも一般的なものを重んじ、しかも「すなわち」という要約(あるいは言い換え)の接続語に注目して、最終文の指摘を重んじるのです ポイント3 。

　第12段落では、第1文で書き手の明快な「意見」が、「私としては、第1の案のほうがよいと考える」と記されます。第2、3文はその理由として理解できるでしょう。これが「教育格差是正のための案」としての書き手の「意見」なのです。

　したがって、本文の主旨としては次の2点となります。第1点は、「現代日本の教育の特質として、子どもの教育

は親などが担うべきと一般に考えられ、私立校や学校外教育のウェイトが高く、教育の機会平等が阻害されている」とまとめられます。そのうえで第2点として「その現状を改善する方策として、学校教育を充実させるための公的な助成を行うべきだ」と書き手は主張するのです。

　以上のように、7つのポイントを活用することで、数多くの論理的文章の要旨を読み取ることができるはずです。ただし、どのポイントが使えるかは、それぞれの文章によります。ですから、個々の論理的文章に対面して、この方法を試していきながら体得して下さい。

第3章
要旨要約の作成

3-1 要旨要約の6つの手順

前章で紹介した、ポイント1〜7までの方法で読み取った重要な記述箇所を中心にまとめます。その際、結論がどれであるのかを、しっかりとつかむことです。書き手は、その結論を読者に伝えるために文章を作成したのですから。以下にその手順を箇条書きにして掲げます。

手順❶ まず読み取った要点を、本文の順序通りに並べる。
手順❷ 内容によって、結論がどこにあるのかを検討する。
※結論の判断がつきにくい場合は、「意見」表現の強弱、強調表現の有無、くり返しの有無、記された場所、などを手がかりとする。
手順❸ 結論を中心にして、関連する記述を並べる。その際、結論との関連の強弱によって順序を考え、接続語が必要ならば補う。
手順❹ 例示や比喩などのあいまいな部分があれば、それを明確にする。
手順❺ 同一や類似の内容があれば、明快なもの以外は削除する。また不要な修飾語句なども削除する。
手順❻ 補うべきものがあれば、それを加えて要約を完成

する。
こうした手続きで要約が作成できるのです。

では、例文を用いながら、要旨要約の方法を確認していきましょう。

要約の作成例1
まず、次の例文から。これも木下氏の著書からです。

【例文A】
　①日本式受信型教育は他に類を見ない成果をおさめたが、日本がどうやら世界の第一線に列するように

なってくると、その<u>マイナス面が目立ってきた</u>。日本の工業は、何年か前までのように技術を輸入して製品を輸出するのではなく、技術を輸出する時代にはいってきている。技術を輸出するためには、国際的に通用するレトリックにのっとってそれを<u>記述・説明することが必要である</u>。外交の面でも事情は同様で、他国の意見に同調したり反対したりするだけでなく、積極的に自国の考えを表明し、主張しなければならない時がきている。ここでも国際的に通用するレトリックによる発言が<u>必要</u>だし、それに加えてイエスかノーかを瞬時に決して自分の意見をまとめる討論の修練がいる。また、それらの能力を発揮する基礎として、<u>公開の席で臆せず発言する心的習性ができていなければならない</u>。 いずれにしても **受信型教育の中で育った従来の日本人の苦手とするところで、発信型への切りかえは<u>急を要するのである</u>。**

②東健一氏が、最近、このへんの事情を示す適例を述べている(『染料と薬品』二八巻〔一九八三〕一三七ページ)。少し長くなるが原文のまま引用しよう。

> 国際会議に日本代表として出席した友人Aの帰朝談である。会議中講演者がしきりに具体例をあげて日本企業の倫理性欠如を非難した。講演者はA氏の顔を見続けて非難の言葉を述べるので大い

に当惑した。しかし事柄は自分の知らぬことなので、英語を喋ることの嫌いな自分は一言も弁解せずに退座したという。

　比島に旅行して帰った若いB女史のリポートを読むと、彼女はたまたま市民の集会に出席したところ講演者が取り上げたのは日本から進出した化学工場による環境破壊であった。彼女は講演者の激しい非難を聞いて直ちに起立した。自分は単なる旅行者で事情は全く判らないが、日本人として聞き棄てならぬことゆえ、即刻その工場を訪ねて工場長に講演者の言葉を伝えたいと述べた。彼女は工場長に逢って両者の誤解をとくのに成功したという。

3 読者は「英語をしゃべることのきらいな」A氏に、読解偏重、会話・作文軽視の受信型外国語教育で育った日本紳士の像を見出したかも知れない。それはそれで正しい見方で、だから日本の外国語教育は、ある程度、発信型の方向に重心を移してもらわないと困るのだ が 、**私が強調したいのはいわばそのもうひとつ前の、日本人の（日本語での）発言の習慣の問題である。**

4 東氏は、上記の引用を受けて「A氏は筆者（東氏）と同じく戦前の教育を受けた古いタイプ」、「B女史は戦後の教育を受けた新しいタイプ」だとしている。 し

> かし 、B女史の型の対応のできる人が〈戦後の教育を受けた〉人たちの中にどれほどいるだろうか。最近の小・中学生は、自分の感情や欲望をはばかるところなく表明する。その点で東氏のいう「古いタイプ」とちがうことは確かだが、道理とは無関係に勝手なことを主張するのと、相手の議論に対して筋道を立てて反論し、ちゃんとした自分の意見を述べることとは別ものである。**B女史のような人を輩出させるためには、発信型教育に向かって格段の努力をしなければならない。**
> (木下是雄『日本語の思考法』中公文庫、2009年、ただし一部に省略がある)

第1段落では、第1文がトピック・センテンスとみなせるようです ポイント2 。だが、述部に「マイナス面が目立ってきた」とあり、否定的記述です ポイント4 。したがって、実は軽んじてよいものなのです。一方、最終文に「いずれにしても受信型教育の中で育った従来の日本人の苦手とするところで、発信型への切りかえは急を要するのである」とあるのには注目するべきです。「いずれにしても」という要約の接続語 ポイント3 と「意見」の表現 ポイント5 があるからです。ですから、こちらをトピック・センテンスとみなします。ただし、第2文からは「事実」と「意見」が混在しています。第2、3文は、事例として日本の工業を取り上げ、「国際的に通用するレトリックにのっとってそれを記述・説明することが必要である」とします。第4、5文は、

事例として外交を取り上げ、「自国の考えを表明し、主張しなければならない」「国際的に通用するレトリックによる発言が必要だ」などとします。ですから、これらの複数文は、第１文や最終文を補足するための事例的な文に「意見」が加えられたものと判断します。したがって、その「意見」は軽いものとみなしてよいのです。

第２段落は引用です。引用は事例（「事実」）と同様なので、軽んじます ポイント4 。

第３段落では第２文の逆接「が」 ポイント6 以下に着目すると、「私が強調したいのはいわばそのもうひとつ前の、日本人の（日本語での）発言の習慣の問題である」とあり、「意見」の表現 ポイント5 もあります。書き手が「日本人の（日本語での）発言の習慣」を問題視しているのがわかります。第１文と第２文の前半は、前段落の事例のまとめです。

第４段落では、やはり逆接「しかし」 ポイント6 で始まる第２文が反語 ポイント5 だと判断します。その根拠は、次の第３、４文です。すなわち、第３文で最近の小・中学生は自分の感情などを素直に表す、と指摘します。しかし、第４文では、それは筋道を立てて反論するなどとは別物だ、と記します。つまり、第２文は「Ｂ女史のような人物は最近でもあまりいない」と指摘していると理解できるのです。それは、最終文の「Ｂ女史のような人を輩出させるために

は、発信型教育に向かって格段の努力をしなければならない」という「意見」の表現 ポイント5 をともなった主張に連なっています。

はじめに紹介した要約の手順にしたがって、作業を始めましょう。

手順❶
第1段落
「いずれにしても受信型教育の中で育った従来の日本人の苦手とするところで、発信型への切りかえは急を要するのである」
第2段落は省略
第3段落
「私が強調したいのはいわばそのもうひとつ前の、日本人の(日本語での)発言の習慣の問題である」
第4段落
「B女史のような人を輩出させるためには、発信型教育に向かって格段の努力をしなければならない」

手順❷
　第1段落と第4段落にくり返された記述を結論と判断してよいでしょう。
　結論＝「日本では発信型教育に向かって格段の努力を要する」と判断します。

手順❸

　第4段落の「B女史のような人」、第3段落の「日本人の（日本語での）発言の習慣の問題」、第1段落の「日本人の苦手とするところ」などが関連するもので、補います。それらを並べると、「日本人の苦手とする」「（日本語での）発言の習慣の問題」があり、「B女史のような人を輩出するために、発信型教育に向かって格段の努力を要する」などとなります。とくに、接続語を補う必要はないでしょう。

手順❹

　これらのうち、「B女史のような人」は例示で不明確です。明確にすると「自らの意見を論理的に発言できるような人」となるでしょう。これは「日本人の苦手とする発言の習慣（が身についた人）」とは類似の内容となります。

手順❺

　手順❹で指摘したように、「自らの意見を論理的に発言できるような人」と「日本人の苦手とする発言の習慣（が身についた人）」とは類似の内容と考えられるので、肯定的な「自らの意見を論理的に発言できるような人」を残します（ただし、字数に余裕があれば、2つの内容をともに生かしてよいでしょう）。ですから、「自らの意見を論理的に発言できる人物を輩出するために、日本では発信型教育に向かって格段の努力を要する」とまとめることができるでしょう。

手順❻

最後に、こうした問題意識が生じる背景として、第1段落の第1文を加えた方がよいと判断し、要約を完成します。

結局、要約の例として次のようなものが示せます。もちろんこれが絶対的なものではありません。ほかの解答例も考えられます。こうした点も、自然言語のあいまいさに由来するものです。以下も同様ですので、留意して下さい。

〔要約例〕
日本式受信型教育は日本が世界の第一線に列するようになってくると、そのマイナス面が目立ってきた。したがって、自らの意見を論理的に発言できるような人物を輩出するために、発信型教育に向かって格段の努力をする必要がある。

3-2 要旨要約の事例

要約の作成例2

次は、情報学の西垣通氏の著書からのものです。これは、かなり明快な文章といえるので、解説を少し省略しながら説明していきます。

【例文B】

①現代人にとって、**論理体系はいうまでもなく大切なものだ**。法律にせよ、経済にせよ、科学技術にせよ、

すべて論理体系をなしていて、論理なしには社会は崩壊してしまう。だから、客観世界のありさまを正確に三人称的に記述する大量の知識命題を集め、それらを機械的に、 つまり 個人的な主観による歪みを除いて演算的に処理すれば、理想的な知がえられると思いたくなる——少なくとも、そう信じこむ誘惑にかられるのも無理はない。

② しかし 、知とは本来、そういうものだろうか。

③ 知というのは、根源的には、生命体が生きるための実践活動と切り離せない。人間だけでなく、細胞をはじめあらゆる生命体は、一瞬一瞬、リアルタイムで変動する環境条件のなかで生きぬこうともがいている。生命的な行動のルールは、遺伝的資質をふくめた自分の過去の身体的体験にもとづいて、時々刻々、自分で動的に創りださなくてはならない。

④ だから生命体は、システム論的には自律システムなのである。コンピュータのように外部から静的な作動ルールをあたえられる他律システムとは成り立ちが違うのだ。生命体は自己循環的に行動ルールを決めるので、習慣性がうまれ、あたかも静的なルールにしたがうように見えるが、この本質的相違を忘れるととんでもないことになる。その先には混乱と衰亡しかないということだ。

⑤ つまり 、知とは本来、主観的で一人称的なもの␣のはずである。実際、ピアジェやフォン・グレーザー

ズフェルドなど構成主義の心理学者がのべるように、幼児の発達とは、外部の客観世界を正確に認知していくのではなく、環境世界に適応するように主観的な世界を内部構成していく過程に他ならない。それが知のベースであることは、現代人でも共通である。

6 要するに、現実に地上に存在するのは、個々の人間の「主観世界」だけなのだ。「客観世界」や、それを記述する「客観知」のほうが、むしろ人為的なツクリモノなのである。それらをまるでご神託のように尊重するのは、形式的論理主義を過信する現代人の妙な癖である。まずは、クオリアに彩られた生命的な主観世界から出発しなくてはならない。

7 では、客観知やそれらを結ぶ論理体系とはいったい何だろうか。――**それは、集団行動生物であるわれわれ人間が、主観世界の食い違いのために闘争をくり返さないため、安全で便利な日常生活をおくるために、衆知をあわせて創りあげた一種の知恵のようなものだと考えられる**。その内実は、さまざまな主観的な意味解釈のいわば上澄みにすぎないのだ。(西垣通『集合知とは何か』中公新書、2013年)

(注) クオリア：近年、脳科学者などが日本でも使い始めた語句。多様な意味が含まれ、日本語では感覚質と訳される。

第1段落では、第1文が「意見」文であり **ポイント5**、トピッ

ク・センテンスとみなします ポイント2 。

　第2段落では、逆接「しかし」 ポイント6 で問題提起の疑問文が記されます ポイント7 。しかも、「知とは」と、「知」が強調されて記されます。

　第3段落では、前段落の問題提起に対して、第1文で「知というのは、根源的には、生命体が生きるための実践活動と切り離せない」と記されます。やはり、「知」が強調されており、これがトピック・センテンスとなります ポイント2 。

　第4段落では、第1文がトピック・センテンスとみなします ポイント2 。第2文でコンピュータと対比（比較）し、第3文以下は第1文の補足です。

　第5段落では、冒頭の「つまり」が要約の接続語として用いられますので ポイント3 、これがトピック・センテンスです ポイント2 。つまり、第3、4段落を一気にまとめ、「知とは本来、主観的で一人称的なもののはずである」とします。第2文は「実際」で始まる事例です。第3文はそのまとめです。

　第6段落では、冒頭の「要するに」が要約の接続語で ポイント3 、前段落をさらに「現実に地上に存在するのは、個々の人間の『主観世界』だけなのだ」とまとめ直します。

第2文は、その対比（比較）として、客観世界や客観知を「ツクリモノ」と否定的に評価します。第3文もその継続で、最終文で、再度、「主観世界」からの出発を要請します。

第7段落では、冒頭の「では」で話題を変え ポイント6 、第1文の疑問文で問題提起します ポイント7 。そして直後の第2文で、その回答に「一種の知恵のようなものだと考えられる」と「意見」文として明記します ポイント5 。さらに、最終文で「いわば上澄みにすぎない」と比喩を用いて指摘します。

では、要約の作業に入りましょう。

手順❶
第1段落
「現代人にとって、論理体系はいうまでもなく大切なものだ」
第2段落
「しかし、知とは本来、そういうものだろうか」
第3段落
「知というのは、根源的には、生命体が生きるための実践活動と切り離せない」
第4段落
「生命体は、システム論的には自律システムなのである」
第5段落

「つまり、知とは本来、主観的で一人称的なもののはずである」

第6段落

「要するに、現実に地上に存在するのは、個々の人間の『主観世界』だけなのだ」

第7段落

「客観知や論理体系は、集団行動生物であるわれわれ人間が、主観世界の食い違いのために闘争をくり返さないため、安全で便利な日常生活をおくるために、衆知をあわせて創りあげた一種の知恵のようなものだと考えられる」

手順❷

　手順❶を見ると、第1、7段落と第2〜6段落の話題がそれぞれ異なっているのがわかるでしょう。つまり、各々「客観知や論理体系」と「主観(世界)」が主題になっています。問題は、いずれが重要なのかということです。これは、表現のあり方にくわしく踏み込まないと判断が難しいかもしれません。

　第1、7段落は「客観知や論理体系」がたしかに重要です。だが、第2段落の「しかし」以下に注目すると、第3〜6段落では生命体のあり方と関係づけて「主観(世界)」についての記述がしっかりと要約されています。そして、第6段落の第2文に「『客観世界』や、それを記述する『客観知』のほうが、むしろ人為的なツクリモノなのである」とあるのです。さらに、第7段落の最終文に「(客観知や論

理体系は)いわば上澄みにすぎないのだ」とあります。

　こうした表現から書き手が「客観知や論理体系」の方を軽んじていると判断できます。したがって、第5、6段落を結論とみなせます。

　結論＝「人間の知とは本来、主観的で一人称的なもので、地上に存在するのも個々の主観世界だけである」となります。

　つまり、この文章は一種の二項対立の仕組みとなっているのです。しかし、第2章の【例文A】のように対比(比較)の接続語は使われていません。こういう例もあるので、気をつけて下さい。

手順❸
　第1、7段落の「客観知」や「論理体系」が、要旨と対比(比較)の関係です。対比(比較)の2要素をどのような順序でまとめるかを考えます。日本語の文では、やはり重要なものをあとに置くのが通例です。両者をつなぐのに、対比(逆接でも可)の接続語を補えばよいでしょう。

手順❹、手順❺は、とくに考える必要はありません。

手順❻
　とくに補うべきものは、やはりありません。

　結局、要約の例として次のようなものが示せます。

> 〔要約例〕
> 客観知や論理体系は、人間が闘争をくり返さないために、衆知を合わせて創りあげた一種の知恵のようなものにすぎない。一方(しかし)、人間の知とは本来、主観的で一人称的なもので、地上に存在するのも個々の主観世界だけである。

　自然科学の最先端では、このような認識が広まっているようです。いささか考えさせられますね。

要約の作成例3

　最後は、家族社会学の山田昌弘氏の、少子化をテーマとした著書からのものです。要約の接続語などがなく、「意見」文もあまり明確には記されません。読み取りにくい文章です。やむを得ません、各段落の第1文や最終文に注目するしかないでしょう。ですから、力試しとして要約を試みて下さい。

【例文C】

　① 二一世紀に入り、日本は格差社会になったと言われるようになった が、欧米では、とっくにその状況が起きている。アメリカの状況を見ると、日本では考えにくい現実がある。それは、一人暮らしができないから、結婚を急ぐという実態なのだ。ジャーナリストであるエーレンライク氏が著した『ニッケル・アンド・

ダイムド』は、アメリカのワーキング・プアの実態を描いたすぐれたルポルタージュである。そこで、何度も語られるのは、「ワーキング・プアは、一人では暮らせない」という事実である。アメリカでは、日本以上に所得の格差が大きく、低収入の人が溢(あふ)れている。そして、家賃など生活費は高い。エーレンライク氏は、特段の技能がない白人中年女性が、単身で暮らすのがいかに困難であるかを身をもって体験する。一人で暮らすよりも、二人一緒に生活して、二人の収入を合わせた方が、生活は楽になる。そこで、未婚者はもちろん、離婚した人も再婚を急ぐ。アメリカで「独身」でいることは、高収入者の「贅沢(ぜいたく)」なのだ。その結果、結婚が増え、子どもが生まれる。雇用が不安定なのにもかかわらず、アメリカの出生率が高いのには、このような事情がある。

②北西ヨーロッパ（北欧、フランス、ベネルクス諸国、ドイツ）でも、似たような事情がある。こちらは、収入が少ない若者が同棲を始めて子どもが生まれても、福祉制度が整っているおかげで、生活できる。少なくとも、低収入者や失業者が一人で生活するよりも、ましな生活ができる。

③アングロサクソン諸国（英米豪カナダなど）や北西ヨーロッパでは、子どもが成人したら親から離れて生活することが一般的である。近年、親との同居期間が若干延びているとの調査もあるが、二五歳を過ぎて、

特段の事情がなく、親と同居していれば変な風に見られる。つまり、独立して生活することを文化的に強いられるのだ。だから、若年者の雇用の悪化は、結婚を促進する要因となっても、結婚を妨げる要因にはなかなかならない。

4 しかし、日本では、親と同居の未婚者が多く、一人暮らしが少ない。そして、フリーターなど低収入の若者は、一人暮らしすれば貧困に陥るので、親と同居している場合が多い。欧米とは違って、親は、未婚の子どもが独立して生活することを当然とみなさないし、それを望まない親も多い(拙書『パラサイト・シングルの時代』参照)。それゆえ、若者収入の不安定化は、未婚化に直結する。そして、この事情は、産業化した東アジア諸国、そして、スペインやイタリアなど南欧諸国でも共通するものである。

5 また、日本では、性別役割分業意識が根強いので、女性は、安定した収入を稼ぐ男性と結婚できるまで、親と同居して待つことが許される。いや、許されるだけでなく、親は安定した収入を稼ぐ男性と出会って結婚するまで、娘が同居し続けることを望む傾向が強い。**日本社会で、性別役割分業意識が残ってしまうのも、パラサイト・シングル現象の結果とも言えるのである。**

6 さらに、パラサイト・シングル現象は、「自分の子どもを自分以上の経済条件で育てなければならない」という意識を強める。そのため、結婚後の子ども

数を減少させる要因としても作用する。

7 もちろん、パラサイト・シングル現象だけでは、少子化が起きるわけではない。戦前から、日本では、結婚前は親と同居しているのが一般的だった。 しかし 、多くの若者男性の収入が安定し、増大している時代には、パラサイト・シングル傾向があっても、結婚に踏み切る若者が多かった。子どもを産んで、自分にかけられた以上の経済的条件を準備する余裕があったのだ。（山田昌弘『少子社会日本』岩波新書、2007年）

（注）パラサイト・シングル：学業を終えても親と同居し、経済的にも親に依存している未婚者のこと。山田氏自身の造語。

　本文をくわしく解説していきます。第1文や最終文を手がかりとする ポイント2 だけではなく、「意見」文があるので ポイント5 、逆接の接続語があるので ポイント6 も使えるようです。

　第1段落では、第1文と最終文にそれぞれ逆接の接続語があります。ですから、ともに注意して読んでいくと、第1文の後半では欧米の格差社会について述べています。それに対して、最終文の後半ではアメリカの出生率の高さが指摘されています。いずれが重要なのか。第2文で、日本では考えにくいアメリカの現実が指摘されます。そして、第3文で「一人暮らしができないから、結婚を急ぐという

実態」が記されます。ここまで読むと、どうも最終文の指摘の方が重要だと判断できるでしょう（第2段落を見てもそう判断できるでしょう）。

　第4文以下では、その実態を補足説明するために、引用が交えられて記述されます。第9、10文で、再び第3文とほぼ同様の指摘がされ、第11、12文と同じ記述が続きます。

　このように読み取っていくと、アメリカでは1人暮らしができないから結婚に至り、その結果、出生率が高い、ということが述べられているのがわかります。第1文と最終文 ポイント2 、それに逆接の接続語 ポイント6 を手がかりとした読み取り法です。

　第2段落は、第1文をトピック・センテンスとみなしてよいでしょう。つまり、北西ヨーロッパでもアメリカの状況に近いと指摘するわけです。第2、3文は第1文の補足説明です。

　第3段落では、やはり第1文と最終文に注目します。第1文は、アングロサクソン諸国や北西ヨーロッパでは、子どもが成人したら親から離れて生活することが一般的だ、と指摘します。一方、最終文では、若年者の雇用の悪化は、結婚を促進する要因になりやすい、と指摘します。いずれが重要か。第1、2段落の指摘との関連を考えると、最終文を重んじるべきでしょう。第3文の「つまり」は単なる

言い換えで、重視しません。

　第4段落では、段落冒頭の「しかし」に注目します。一転して、日本の実情が述べられ、それが第7段落まで続いているようです。ですから、この「しかし」は逆接ではなく、欧米と日本を比べる、対比（比較）の役割を持つものと理解します。そこで、第1文と最終文に着目します。

　第1文では、「日本では、親と同居の未婚者が多く、一人暮らしが少ない」とあり、前段落の第1文に対比的な指摘です。一方、最終文は東アジア諸国や南欧諸国についてのもので、日本から離れてしまっています。これはおかしいと思って直前の文を見ますと、「若者収入の不安定化は、未婚化に直結する」との指摘があります。これです、これが前段落の最終文と対比（比較）する指摘です。

　結局、この段落では終わりから2文目がトピック・センテンスとなっているのです。読みにくいです。一筋縄ではいきません。しかし、ガマンです。

　第5段落では、やっと明快な「意見」文が記されます。すなわち、最終文です。「日本社会で、性別役割分業意識が残ってしまうのも、パラサイト・シングル現象の結果とも言えるのである」とあります。ところが、述部をよく見ると「とも言える」とあり、ある見方とは異なる見方をすると、最終文のようにもいえるというのです。

　では、ある見方とはなにか。それは第1文と考えるべき

でしょう。つまり、日本では、性別役割分業意識が根強いので、女性はパラサイト・シングル化する、というのです。なんのことはない、最終文と因果関係を逆転させているのです。前段落との関係を考慮すれば、むしろ第１文を重んじるべきなのです。ならば、第１文を素直に「意見」文として表現してくれればよいのに、などと文句を言いたくなりますね。

　第６段落は、２文のみで、冒頭に「さらに」とあるので、前段落に追加したものとわかります。つまり、パラサイト・シングル現象が、わが子は自分より経済的に豊かな条件で育てたいという親の意識により、子どもの数を減少させる原因となっている、と指摘します。

　第７段落では、逆接の「しかし」で始まる第３文に注目するべきです。ところが、これは第１文と同じ内容と考えられます。したがって、第１文「もちろん、パラサイト・シングル現象だけでは、少子化が起きるわけではない」をトピック・センテンスとみなしてよいでしょう。

　以上で、くわしい本文解説は終わります。付き合って下さってありがとうございます。解説するほうも、いささかくたびれました。ウ〜ン、文系の文章ですね。第４、５段落などもう少しわかりやすく書いて下されば、などの思いが頭をもたげます。一息つきたいですね。

(元気を取り戻して)では再開。要約の作業に入りましょう。

手順❶
第1段落
「アメリカでは一人暮らしができないから結婚に至り、その結果、出生率が高い」
第2段落
「北西ヨーロッパでもアメリカの状況に近い」
第3段落
「(欧米では)若年者の雇用の悪化は、結婚を促進する要因になりやすい」
第4段落
「(これに対して、日本では)若者の収入の不安定化は、未婚化に直結する」
第5段落
「日本では、性別役割分業意識が根強いので、女性はパラサイト・シングル化する」
第6段落
「(日本では)パラサイト・シングル現象が、わが子は自分より経済的に豊かな条件で育てたいという親の意識により、子どもの数を減少させる原因となっている」
第7段落
「パラサイト・シングル現象だけで、少子化が起きるわけではない」

手順❷

　本文は、**手順❶**を見ると第１〜３段落の前半と第４段落以降の後半が、対比（比較）的に述べられているのがわかります。問題は、いずれを結論ととらえるかです。やはり、後半に重要な内容が記されることが多いと考えてよいでしょう。ですから、第４段落以降をまとめます。結論＝「日本では、パラサイト・シングル現象が原因のすべてではないが、それによって少子化が起こっている可能性が高い」などとなります。

手順❸

　まえに述べた通り、結論と対比的な内容が第１〜３段落の記述です。これをまとめると、第３段落を中心に「欧米では若年者の雇用の悪化は、結婚を促進する要因になりやす」く、少子化を招くものではない、となるでしょう。

手順❹

　特にわかりづらい例示や比喩はありません。ですから、ここでの作業は省略できます。

手順❺

　類似や同一の内容もありません。ですから、ここでの作業も省略できます。

手順❻

補うべきものは、**手順❷**で指摘した通り、**手順❸**の内容です。

案外スムーズに要約作業ができました。以下に、その要約例を紹介します。

> 〔要約例〕
> 欧米の社会では、若年者の雇用の悪化は、結婚を促進する要因になりやすく、少子化を招くものではない。ところが一方、日本では若年者の雇用の悪化によるパラサイト・シングル現象によって、少子化が起こっている可能性が高い、と考えられる。

3つの作成例のうち、Aでは**手順❹❺**の作業が必要でしたが、B、Cではほとんど不要でした。これに対して、Bでは要約作業が、Cでは読み取るのが、各々手間取りました。それなりに配慮したものですが、これらのタイプだけではありません。さまざまな文章がありますので、今後、試みて下さい。

以上のように、要旨要約は何段階かの作業を経て、完成できるものです。そういう意味では、厄介な作業です。しかし、要約の能力は、情報過多な現代社会を生き延びていくうえで、きわめて大切なものです。ただし、Cのような読み取りにくい文章に接することは、理系の人はほとんど

ないでしょう。しかし、文系の人には接する機会があります。チャレンジするべきだと考えて下さい。

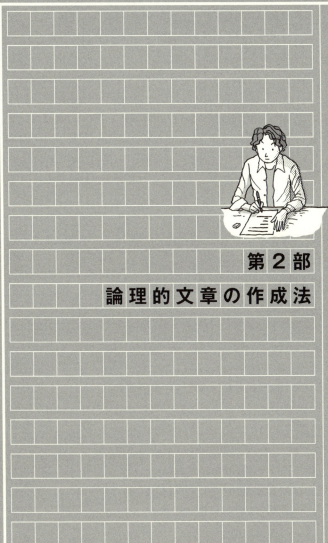

第2部
論理的文章の作成法

第4章
論理的思考の標準的方法
―帰納的方法を中心に―

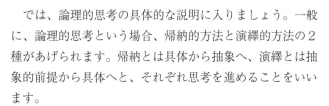

　では、論理的思考の具体的な説明に入りましょう。一般に、論理的思考という場合、帰納的方法と演繹的方法の2種があげられます。帰納とは具体から抽象へ、演繹とは抽象的前提から具体へと、それぞれ思考を進めることをいいます。

　両者のうち、演繹的方法はどちらかといえば数学的な思考などに用いられることが多いようです。1つの定理をもとに新たな公式を導くようなことです。ですから、主に法則・理論の作成、検討などに用います。

　一方、帰納的方法は、厳密さを重んじる論理学ではあまり評価されません。具体から抽象へ進める時に必ず飛躍をともなうからです。しかし、論理的思考（科学の実証的思考）の多くはこの方法に依ります。現実世界のことがらとの関わりを扱わねばならないからです。

　したがって、この章でも帰納的方法を中心に説明することにします。

　ただし、以下に記す手順は、標準的なものとして紹介するものにすぎません。ですから、時には変更する必要があることを承知しておいて下さい。

　標準的なものとして、以下の手順を紹介します。

手順❶ 多種多様な「事実」の収集
手順❷ 「事実」を分類する
手順❸ 各グループ内で共通点を見出したり、まとめたりする
〈**手順❹** 法則（理論）を援用する（演繹的方法の活用）〉
手順❺ 共通点やまとめ、法則（理論）から援用した要素などに基づいて「思いつき」（仮の「意見」）を導く
手順❻ 「思いつき」と同意（類似）の他者の「意見」で補強する
手順❼ 「思いつき」と対立する他者の「意見」を批判・論破する
〈**手順❽** 反対「意見」を組み込んで、より良い「意見」とする〉
手順❾ 最終的な「意見」を完成する

この手順を図式化すると、以下のようになるでしょう。

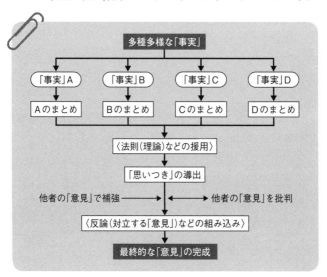

　こうした手順で思考を進めていくのが一般的です。では、具体的に事例などを紹介しながら、くわしく説明していきましょう。

4-1　多種多様な「事実」を収集する

　帰納的方法の弱点は、論理を進める過程で必ず飛躍をともなうことです。ですから、できる限りそれを最小限に食い止める必要があります。そのためには、多種多様な「事実」を集めねばなりません。これは、論理的な思考が一定の説得力を持ちうるのか否かを決める、重要なことがらです。「事実」が少ないと、以下の例のような誤りが生まれます。

第4章 論理的思考の標準的方法

〔例１〕
一人っ子が、ある問題を起こした。
　具体（事実）①
だから、一人っ子には注意しなければならない。
　→抽象（意見）

この例は、一見して誤りだと判断できるでしょう。次のものはいかがでしょうか。

〔例２〕
日本では、アニメが大流行だ。中国や韓国も同様だ。
　具体（事実）①　　　　　　　**具体（事実）②**
だから、世界でアニメは流行しているといえる。
　→抽象（意見）

具体（事実）が増えて２つになりました。しかし、そこから導かれた抽象（意見）は、やはり誤りです。なぜなら、抽象（意見）は「世界」についてのものだからです。日本や中国、韓国だけでは、世界をカバーしているとはいえません。

それでは、次の例はいかがでしょうか。

〔例Ⅰ〕
Aの地域では、100年間、地震が起こっていない。
　具体（事実）①
隣接地域でも同様だ。

95

> 具体（事実）②
> だから、この地域では、今後も地震は起こらないだろう。
> →抽象（意見）

　この例では、はじめの２文が具体（事実）を表し、３文目が抽象（意見）を表します。しかし、地震の発生という問題がテーマですので、簡単にはいきません。つまり、現在の地震学の知識では、その発生の確率は数百年単位で考えねばなりません。だから、「100年間」地震の発生がない場合、逆に、次の100年間では発生する確率が上がることになります。したがって、３文目の抽象（意見）は誤りだと考えるのが合理的な判断です。

　このように、われわれが扱う自然言語には複数の情報が含まれるので、慎重を期さねばならないのです。

　ところが、これら以外の「事実」が加わると、話が変わってきます。たとえば、

・「Ａの地域」のいくつかの地点で、地中を掘るボーリング調査を実施して得た、断層の有無などに関する「事実」。
・隣接地域のいくつかの地点で、地中を掘るボーリング調査を実施して得た、断層の有無などに関する「事実」。
・２つの地域が火山帯などに含まれるのか否かの「事実」。

・2つの地域のボーリング調査などで得られた、過去の地盤変動の痕跡などに関する「事実」。
・2つの地域の古文書などを調査して得られた、過去の地震や津波などに関する「事実」。
・地球物理学のプレート理論にそくして得られた、2つの地域の地殻構造に関する「事実」。
・2つの地域に関する、過去の研究成果。

などです。

　こうなると、さきの抽象(意見)はさまざまに変わり得るでしょう。
　つまり、「この地域」に関する2、3の「事実」だけではなく、地中調査の結果として得られた「事実」、歴史上の「事実」、地球物理学の理論にそくした「事実」、過去の研究成果などが加わると、「意見」(判断)が大きく変わり得るのです。
　要するに、帰納的方法ではテーマに関する多種多様な「事実」をもとに出発するのが必須です。特に、空間(地域)や時間(歴史)などが異なる「事実」を意識的に集めておきたい。さらに、法則(理論)や他者の発言なども集めておくのがベストです。

　終わりに、各段階の作業を理解しやすくするために、身近な例として刑事事件の捜査過程をあげていきます。

刑事事件の捜査過程〔1〕
・物的証拠を集める(事件現場以外のものも)。
・目撃証言などの証言を集める。
・過去の事件ファイルから関連するものを集める(時には、海外の事件ファイルを集めることもあるでしょう)。
・犯罪社会学や犯罪心理学、精神医学などの事例や理論などを集める。
など

4-2 「事実」をグループに分ける

次に、手元に集めた多種多様な「事実」をいくつかのグループに分ける作業に移ります。

分ける基準はさまざまですが、時間軸や空間軸によるものがよく使われます。〔例Ⅰ〕の場合でも、特定の地域ごとにまとめたり、時間軸(歴史)上の順序にまとめたりしています。さらに、法則や理論あるいは過去の研究成果などは別グループにするでしょう。

たとえば、
・2つの地域ごとに現在の「事実」を集める。
・2つの地域ごとに過去の「事実」を集める。
・2つの地域ごとに地盤に関する「事実」を集める。
・プレート理論の「事実」を集める。

・2つの地域ごとに過去の研究成果を集める。
などです。

　もちろん、一度の分類で多数の「事実」から意味のある情報を導けるとは限りません。グループ分けの基準を変えて、何度も行うことになる場合もあるでしょう。

> **刑事事件の捜査過程〔2〕**
> ・事件の起こった時間の推移にしたがって分類する。
> ・事件の起こった現場やそれと異なる場所ごとに分類する。
> ・被害者や加害者が男性か女性かで分類する。
> ・目撃証言や物的証拠が信頼できるか否かで分類する。
> ・過去の犯罪ファイルと一致するか否かで分類する。
> など

4-3 各グループ内の共通点を見つける

　分類した「事実」ごとに共通点を見つけたり、まとめたりします。

　やはり〔例Ⅰ〕にそくして説明してみます。グループ内の各「事実」をまとめていくと、特定の地域における地震の発生頻度が明らかになります。また、隣接する地域の発生頻度も明らかになってきます。さらにプレート理論にそくして、その地域の地殻の特性なども明らかになるでしょう。

たとえば、
・Aの地域では、数百年ごとに地震が発生していた。
・隣接地域では、もう少し地震発生の頻度は低かった。
・火山帯がそばに存在する。
・プレート理論によると、変動しやすい地殻と推定できる。
・過去の研究成果によると、研究者の「意見」は対立していた。

などです。

刑事事件の捜査過程〔3〕
・犯行現場や時刻などを特定する。
・加害者が男性か女性かを特定する。
・犯行動機が何かを推定する。
など

 4-4 法則や理論を援用する

この作業は、テーマに関係する法則(理論)などがなければ省略されます。しかし、法則(理論)などが存在する場合は、説得的な「意見」を導くために活用するべきでしょう。また、❸と並行することも多いでしょう。

〔例Ⅰ〕では、プレート理論です。これを適用すること(演繹的方法の活用)により、特定の地域の地殻の特性がより明瞭なものとなります。❸での作業と同様になります。

第4章　論理的思考の標準的方法

さらに次のような例を加えることもできます。

【例文A】

　熱を放出して地球が冷却すると、地球全体のエントロピーは減少します。その分、地球はだんだんに複雑な構造に秩序化（組織化）しなければなりません。熱力学第二法則のしめすところです。

　大まかにいえば、創生期の衝突エネルギーでいったん熔けて均質になった地球は、熱の放出にともなって温度が下がり、重い金属元素は核に、軽いアルミニウムやケイ素の鉱物はマントルに、そしてもっと軽い水素（H）、炭素（C）、窒素（N）、酸素（O）などの軽元素は水や大気となって地表に濃集する、そういう層構造に〝秩序化〟したのです。

　熱の放出が続くかぎり、地球の構造はますます複雑になるはずです。陸をつくり離合集散させるプレートテクトニクスやプルームテクトニクスは、内部の熱を地表に運んで熱を放出するメカニズムでもあり、地球を秩序化するメカニズムでもあるのです。陸地や海の形状は時代とともに複雑になり、核・マントルの層構造もさらに細分化するとともに3次元的に複雑になるでしょう。地球の進化とは、熱の放出によるエントロピーの低下による構造の秩序化なのです。

　地球にあるH、C、N、Oなどの軽元素、〝地球軽元

素〃もエントロピーの減少によって秩序化します。その結果が有機分子の生成であり、生命の発生、さらにはその進化なのです。

　すなわち、「生命の発生と生物進化は、地球のエントロピーの減少に応じた、地球軽元素の秩序化(組織化・複雑化)である」といえるでしょう。(中沢弘基『生命誕生』講談社現代新書、2014年)

(注)熱力学第二法則：熱伝導などでわかるように、エネルギーはつねに一方向へ不可逆に移動する、という法則。それを「閉鎖系の世界では、エントロピーはつねに増大し、自然現象は必ず無秩序になるように変化する」とも表現する。

　この例は、第1段落の熱力学第二法則を援用して、最終段落で生命の発生を明らかにしようとしたものです。検討の余地はありそうですが、非常にスケールの大きな試みで、知的興奮を味わうことができるでしょう。こうした法則が支えとなれば、書き手の仮説(「意見」)は強い説得力を持ち得ます。大いに見習いたい作業の一つです。

刑事事件の捜査過程〔4〕
・犯罪心理学や犯罪社会学などの理論を援用して、犯罪動機などをより明確に理解する。

第4章　論理的思考の標準的方法

4-5 「思いつき」(仮の「意見」)を導く

　以上のような❸、❹の作業を経て、自らの「思いつき」(仮の「意見」)を導きます。しかし、この作業は、正直に言えばくわしく説明しにくいのです。現在の脳科学の水準では、その作業過程を明らかにできないからです。ただ、実感としていえるのは、あるテーマを集中して考え続ける、ということではないでしょうか。

　ですから、この作業に関しては、多くのエピソードが伝えられているのでしょう。あのアルキメデスのお風呂の話、ガリレイの振り子の話、ニュートンのリンゴの木の話。さらに最近では、ノーベル賞を授与された物理学者の益川敏英氏の散歩の話、同じくノーベル賞を授与された医学者の山中伸弥氏のシャワーの話など、枚挙にいとまがありません。

　古代から現代に至るまで、こうした逸話が数多く伝えられるのは、やはりその作業の謎が解明されていないゆえでしょう。しかし、いずれの逸話も、あるテーマを集中して考え続けられていたからこそ生まれたのではないでしょうか。

　また、最近よく聞くセレンディピティーという言葉も、以上のことを教えてくれているように思われます。つまり、セレンディピティーとは「まぐれ当たり」などという意味ですが、これもまったくのまぐれではないでしょう。あるテーマについて考え続けていたからこそ、特定の出来事が意味を持つものとして研究者の眼前に突如現れるのでしょ

う。幸運は、ある問題に関心を持ち続ける者にしか訪れないのです。

いずれにせよ、❸、❹の段階まで到達したあと、集中して考え続けて下さい。そうすれば、ここに至るのはそれほど厄介ではないでしょう（いや、きわめて厄介な場合もあるかもしれません）。

> **刑事事件の捜査過程〔5〕**
> ・具体的な加害者（犯人）像が思い浮かぶ。

4-6 「思いつき」を他者の「意見」で補強する

❺までの作業で「思いつき」を導くことができましたので、これで終えてよいかもしれません。しかし、まだ仮の「意見」です。さらに確固とした「意見」とするために、これ以降の作業を加えた方がよいのです。

そのための第1の作業は、自らの「思いつき」に味方を加えることです。つまり、「思いつき」と同意（類似）の他者の「意見」で補強するのです。もっとも実際には、この❻も❸〜❺の作業と並行するでしょう。ここでは、わかりやすくするために、それらを順序づけて説明しているわけです。

さきの〔例Ⅰ〕の話に戻せば、先行の研究論文から「思いつき」と類似の「意見」が述べられている論文を探し出して、付け加えることです。

この作業は、文章作成の場では、具体的には他者の文章の引用ということになります。多くのテキストなどで引用が行われていることで、わかってもらえるでしょう。もちろん、コピペなどは御法度なので、引用作業の際には注意して下さい。次の、❼でも同様です。引用については、改めて第６章で取り上げます。

> **刑事事件の捜査過程〔６〕**
> ・同僚刑事のなかで、自らと同意見の人物と情報交換などをする。

4-7 対立する他者の「意見」を批判・論破する

　これは、❻とは逆の作業です。つまり、自らの「思いつき」と対立する「意見」を批判・論破するのです。〔例Ⅰ〕の場合、先行業績のなかから「思いつき」と対立する「意見」を展開している論文を探し出して、批判・論破することです。その際、批判だけではなく、論破する必要があるでしょう。そうでないと、説得力は生まれません。

　ところが、論破できないと、自らの「思いつき」を再検討する必要が生じます。これまでの作業を一からやり直すことになります。各段階の作業を一つ一つ点検・確認しながら、誤りがなかったかを検討します。これは辛くシンドイ作業です。しかし、これを乗り越えないと論理的思考の結果にはたどり着けません。正念場です、くじけてはなり

ません。

その結果として、はじめの「思いつき」と正反対の「意見」が導かれることもあるでしょう。しかし、それはさきの「思いつき」に比べると、かなり良いものとなっているはずです。

> **刑事事件の捜査過程〔7〕**
> ・同僚刑事のなかで、自らと反対意見の人物と議論し、それを論破する。

4-8 対立する「意見」を組み込む

この作業も行うか否かはケースバイケースです。たとえば、ここまでに紹介している刑事事件の捜査などでは必要ありません。「意見」（結論）が一義的なもの（加害者〈犯人〉はAだと特定できます）として導けるからです。

しかしながら、われわれが扱う現実のさまざまなテーマは、多面的・多義的なものです。つまり、そのテーマは視点によって、さまざまな姿を見せるのです。したがって、そのテーマに対する一義的な「意見」（結論）は、一面的なものとならざるを得ないわけです。

それゆえに、自らの「思いつき」に反対「意見」を組み込むことが説得力を生むのです。もちろん、両者の間に矛盾が生じてはいけません。これをどう回避するかがポイントです。そのコツは、自らの「思いつき」に反対の「意見」に

制限や条件を加えるのです。つまり、反対「意見」を部分的に自らの「思いつき」に取り込むのです。こうすれば、矛盾を防げます。たとえば、以下の通りです。

> 〔例3〕
> 自動車は、日々の生活に欠かせない**便利なものだ**。
> ↕
> 自動車は、「走る凶器」とも言われるように**危険なものだ**。

自らの「思いつき」として自動車は「便利だ」とするならば、反対「意見」に制限や条件を加えます。

たとえば、

> 「自動車の危険性を考慮して、<u>安全運転</u>を心がけるべきだ」

などとするのです。

つまり、自動車の危険性を考慮して、「安全運転」という制限・条件を加えたわけです。

反対に、自らの「思いつき」として、自動車は「危険だ」とするならば、

> 「自動車は便利だが、都市部では<u>ほかに交通手段がある</u>ので、**あまり利用するべきではない**」

などとします。

　つまり、「代替交通手段の存在」という制限・条件を加えたわけです。

　このように、矛盾のない形で反対「意見」を組み込むことができれば、多面的・多義的な事象に対する「思いつき」がより説得的になるのです。ある意味では、反対「意見」と部分的に妥協するとも考えてよいでしょう。こう書くと、なにか上手に世渡りするための方策のようにも思われるでしょう。しかし、自らの「思いつき」に説得力を持たせるためには、いつまでも強引に主張し続けるわけにはいかないのです。

　もちろん、弁証法という素晴らしい方法もあります。弁証法とは、単純化していうと、対立する二者をより上位のレベルで統合(総合)する、という方法です。理想的には、この方法で、自らの「思いつき」と反対「意見」を統合させるべきでしょう。
　たとえば、〔例3〕にそくして説明すると、自動運転車の開発などがこの方法に近いものといえるのではないでしょうか。自動車の利便性と安全性を両立させる、あらた

な技術の開発です。しかし、ここへ至るにはさまざまな新技術の確立が必要でした。特に、ＧＰＳ（全地球測位システム）の確立が決定的だったでしょう。その前段階には、自律航法式などのカーナビゲーション・システムの確立などもありました。さらにその前段階では、通信技術全般の革新が必要だったのです。

以上の例でわかるように、実際の思考の場で弁証法を実践するのは簡単ではありません。かなりの時間を要し、いくつかの障害を乗り越え、悪戦苦闘する覚悟も必要でしょう。

したがって、まずさきの方法を紹介したのです。多くは、この方法で対処できるでしょう。しかし、勝負所の思考では弁証法的な方法を試みるべきです。時間をかけて悪戦苦闘しないと、本物の思考は産み出せないからです。

刑事事件の捜査過程〔8〕
・この作業は刑事事件の捜査過程では考えられません。

4-9 最終的な「意見」を完成する

以上のように、❺までに導くことができた「思いつき」を、❻〜❽の作業を加えてより確固とした「意見」とすることができます。しかし、現実には時間の制約などの条件があり、❻〜❽を行うことは無理なこともあります。そんなときは、自らの「意見」がまだ不十分であることを承

知しておく必要があります。この辺は、柔軟に対応するべきでしょう。

> **刑事事件の捜査過程〔9〕**
> ・加害者(犯人)を断定する。

　以上のような作業を経て、一般的に論理的思考は完成するのです。大変なことだと思われるかもしれませんが、実際にはこれらの作業は同時並行することもあるのです。ですから、意外に短時間で「意見」(結論)を得ることもあります。

　最後に、これらの作業過程がわかりやすく表された文章を紹介しましょう。解説も加えておきます。ただし、この文章は論理的思考の結果を表したものではなく、すでに確立された学説をわかりやすく説明したものです。つまり、生物の体内時計、なかでもサーカディアンリズム(約24時間周期で変動する生理現象)をわかりやすく説明したものです。しかしながら、その記述内容は論理的思考に類するものといえるでしょう。

【例文B】
　1生物の生活はじつにさまざまなリズムによって支配されている。生活のリズムは、基本的には日が昇り、日が沈む一日のリズムに支配され、また、月や太陽の動きにもとづくさらに長いリズムに支配されている。

たしかに生物がもつこれらのリズムは、本質的には天体の運行に作用されながら発達したものである。

2 しかし このような生物のリズムは、太陽や月との位置関係に反応するまったく受け身のものなの<u>だろうか</u>。ヒトは一日のなかで夜眠り、昼間は起きて働く。台所のゴキブリは逆に夜に動きまわり、昼間は物陰に姿を潜めている。これは太陽の光のリズムに支配された、受け身の行動のようにも見える。はたしてそうなの<u>だろうか</u>。

3 動物だけでなくネムノキのような植物も、夜には葉を合わせ、葉柄を下方へ向ける動きをする。またオジギソウは葉を手で触れても同じように葉を葉柄ごと垂れておじぎをする。そこでオジギソウと名付けられた。 しかし オジギソウも、夜になると自動的に手で触ったときと同じポーズを示し、朝になると葉を開く。こういう変化も光にたいする受け身の反応なの<u>だろうか</u>。

4 ちょっと見たところではそのように見える。 **ところがよく調べてみると、本質はそうではないことがわかる**。オジギソウを光の明暗の変化が一日中まったく見られない、窓なしの人工照明の部屋においてみる。そしてその様子を何日も連続して観察する。不思議なことにオジギソウは昼も夜も区別のない部屋でも、そろそろ外が夜の時刻になると葉が閉じ垂れてくる。外の世界が明るくなるころには、それを知ってい

るかのように再び葉を開く。これは長期にわたって引き続いて見られる現象である。

5 しかし 長く観察していると、このリズムは外の世界の明暗リズムとしだいにずれてくることがわかった。つまりオジギソウの行動は、外界の明暗リズムに反応しているわけではない。また光以外に一日の時刻を示す、何か未知の要素に反応しているわけでもなさそうである。いくら調べても超能力があるわけでもない。 つまり オジギソウは自分で自分の行動を律しているのである。

6 このようなリズムは、ヒトを洞窟のなかに閉じ込めて、時刻についてまったくわからないようにして生活させた実験でも、その存在がはっきりと観察された。こういう実験は何人かの学者が行っている。そんな環境でも、ヒトは眠りと目覚めを自動的にくりかえす。自分の身体に時計などあるはずはないと思っている人でも、驚くほどきれいなリズムが現れてくる。そしてそのリズムは多くのヒトで、二四時間よりやや長く、だいたい二五時間ぐらいの周期を示すのである。これはゴキブリやラットのような動物でも同じことである。

7 **このような現象は、生物の体内にほぼ一日のリズムをつくる時計がある、と考えてはじめて理解できる**。この時計を体内時計とよぶ。生物のもつ時計であるから、生物時計ともよばれる。体内時計をもつ生物では、

第4章　論理的思考の標準的方法

> 昼と夜のリズムがない一定の条件、つまり恒常の条件で生活しても、ほぼ一日の周期をもつリズムが継続して現れる。このように生物が現すほぼ一日の周期をもったリズムを、サーカディアンリズムという。（川村浩『脳のなかの時計』NHKブックス、1991年、ただし、一部を省略したり、思考作業の各段階との対応を明瞭にするために、段落の設定を変更したりした）

　まず、❶の多種多様な「事実」の収集という視点から、本文を整理します。すると、第2段落のヒト、ゴキブリ、第3段落のネムノキ、第3〜5段落のオジギソウ、第6段落のヒト、ゴキブリ、ラットなどに関する「事実」が集められているのがわかります。つまり、植物の代表としてのネムノキ、オジギソウ、高等動物の代表としてのヒト、哺乳類の代表としてのラット、下等動物（昆虫）としてのゴキブリ、などです。生物として、多種多様なものが集められているのです。

　だが、❷の分類作業は明瞭には記されていません。

　しかし、❸の作業はよくわかるでしょう。ということは、❷の作業も行われていたと推理できるはずです。第5段落の最終文と第6段落の第1文が、オジギソウとヒトとの共通性をまとめています。生物として、非常に縁遠いオジギソウとヒトとの共通性ですから、抽象化において飛躍は認めにくいでしょう。ですから、ここから導かれる「意見」（結論）は説得力を持ち得るわけです。

❹はなく、❺あるいは❾が第 7 段落に記され、「意見」(結論)として確認できます。

❻以下は残念ながら記されていません。それもそのはずで、本文は生物学のなかですでに確立された学説についての説明です。したがって、❹は不要で、❻以下も省略してよいからです。

結局、この例文からは❶、(❷)❸、❺(❾)の各作業が推量できるわけです。先にも記した通り、❹および❻以下は省略される場合もあるのです。

以上で、論理的思考の標準的な作業過程を理解してもらえたことと思いますが、いかがでしょうか。やはり、これを実践して確実に身につけて下さい。

第5章
わかりやすい文の作成

　いよいよ、この章から文章作成法の具体的な説明に入ります。ただ、前章で説明した論理的思考の結果を直ちに作成する段階ではありません。その前に、論理的な日本語の文を作成する際の、各部分の注意するべき点から始めます。ひとまず、それを一気に掲げておきます。なかでも重要なのは、 ポイントⅠ　ポイントⅥ　ポイントⅦ の3つでしょう。

ポイントⅠ 「事実」と「意見」を区別するよう、表現に注意する

ポイントⅡ 文体は常体(「〜だ」「〜である」)が基本で、1つの文章で常体と敬体を混在させない

ポイントⅢ 1文の長さは、最長で40字から50字くらいを1つの目安とする

ポイントⅣ 主語・述語が正しく対応するように、1文を作成する

ポイントⅤ 修飾・被修飾の関係が紛らわしくないように、1文を作成する

ポイントⅥ 逆接関係、因果関係、修飾関係などを明示するために読点を活用する

ポイントⅦ 7種類の接続語を有効に活用する

5-1 「事実」と「意見」の区別、文体や1文の長さなど

ポイントⅠ 「事実」と「意見」を区別するよう、表現に注意する

　はじめに、その内容と表現です。やはり第1章で指摘したように、「事実」と「意見」を明確に区別するべきです。「事実」の文ならば、動詞と名詞を中心とし、形容詞や副詞などを極力避けるべきです。また、具体的な数値（数詞）も積極的に組み入れて下さい。一方、「意見」を述べる文ならば、述部や主部などにそれにふさわしい表現を使って下さい。両者があいまいになるような表現は、くれぐれも避けて下さい。また、「意見」文は否定形ではなく、必ず肯定文で記して下さい（第2章のポイント4を確認して下さい）。

　とくに、「事実」の文に修飾語として形容詞や副詞など

を使わないで下さい。きわめて重要なポイントとして必ず実行してもらいたい。これが、日本語の文で論理を作りにくくしている最大の原因なのですから。その他、それぞれの表現にどのようなものがあったかを確認したい方は、もう一度第1章を開いて下さい。

ポイントⅡ 文体は常体(「〜だ」「〜である」)が基本で、1つの文章で常体と敬体を混在させない

まず文体について。すでに第1章で触れましたが、現在の日本語の文では2種類の文末表現があります。

	現在	過去	未来
常体	〜だ 〜である	〜だった 〜であった	〜だろう 〜であろう
敬体	〜です 〜ます	〜でした 〜ました	〜でしょう 〜ましょう

この2種のうち、論理的な文章では常体を用いるのが一般的でしょう。たとえば、課題レポートや卒業研究などです。ところが、時には敬体を用いる場合もあるでしょう。就活の際のエントリーシートや指導の先生などへの報告(メール)などです。

ですから、その時々によっていずれかを選択すればよいのです。ただし、同じ文章のなかで両者を混在させるのは

禁じ手です。

ポイントⅢ　1文の長さは、最長で40字から50字くらいを1つの目安とする

　次に、1文の長さです。最長でほぼ40字から50字くらいを1つの目安と考えてもらえばよいでしょう。これは、現在、文書作成の基本ツールとなったパソコン上で、1行の長さとして設定されているものです。つまり、2行にわたる長い1文は、避けた方がよいと考えて下さい。その第1の理由は、読みにくくなるからです。第2に、長い1文になると、主・述や修飾・被修飾の関係が不正確になりやすいからです。なかでも論理的な日本語の文を書き慣れていない人は、こうなりがちです。注意して下さい。

　しかし、あまり短い文ばかりが続くと逆に読みにくくなります。細切れの文が続いてしまうのは避けるべきです。この辺りが難しいのです。結局、できれば長短の文を適度に交えるよう留意する、としておきましょう。ただし、最長でもほぼ40字から50字くらいです。

　と指摘しておきながら、ここまでの本文をふり返ると、これをオーバーしている文があるのも確かです。なかなか実行するのは難しい、と白状します。特に、データなどを交えると、どうしても長くなります。ですから、一応の目安として40字から50字くらいが限度です、としておきます。

第5章　わかりやすい文の作成

 5-2　主語・述語の関係など

ポイントⅣ 主語・述語が正しく対応するように、1文を作成する

　近年の日本語論では、主語という概念に疑問がつく場合が多いようです。つまり、述語を修飾する修飾語の1つとして捉えようとするのです。たしかに、そのように説明した方がよい場合があるでしょう。しかし、この本では多くの人に理解してもらえるレベルで説明したいと考えます。したがって、学校文法にそくして以下に説明していきます。

　そもそも日本文においては、主語・述語の関係が対応しないと、正しい文章とはいえません。問題は、この対応するということです。いろいろな場合があり、以下に具体例を紹介しながら説明しましょう。

〔例1〕
彼の将来の希望は、システム・エンジニアになりたい。
　　　　　　　　　　　　　　　↓
彼の将来の希望は、システム・エンジニアになることだ。

　これは、「希望は」という主語に対応する述語として「なることだ」と体言でそろえたわけです。いわば形式上の処

理です。ただし、「なりたいことだ」とはしません。主語が「希望」であり、述語に「たい」を加えると希望(願望)を表す語句がダブってしまうからです。

ところが、以下のような例もあるのです。

> 〔例2〕
> 私がこの本を推薦するのは、その内容が信頼できる。
> ↓
> 私がこの本を推薦するのは、その内容が信頼できるからだ。

これは、「推薦するのは」という主語に対応する述語として「信頼できるからだ」としたのです。つまり、この主語のあり方から、後続の情報はその原因・理由になると判断できます。したがって、述語に「から(ので)」が必要になるわけです。

> 〔例3〕
> 科学技術の進歩の犠牲となったのは、自然であり、環境破壊だ。
> ↓
> 科学技術の進歩の犠牲となったのは、自然であり、環境だ。

これは、「犠牲となったのは」という主語に対応する述語として「環境だ」としたのです。つまり、この主語のあり方から、後続の情報はその対象・目的になると判断できます。したがって、述語は「環境破壊だ」ではなく「環境だ」となるわけです。

このように、主・述が対応するという場合、意味レベルでは複数考えられるのです。特に、〔例2〕の複文や〔例3〕の重文になると、こうした誤りを犯しがちです。

さらに、主・述が欠落してしまうこともあります。

〔例4〕
データによると、AはBである。
　↓
データによると、AはBである<u>ということがわかる</u>。

実験レポートなどでは、「AはBである」という点に書き手の関心が集まってしまい、このような文をつい書いてしまうものです。

以上のような誤りを犯すことが多いわけです。厄介なものです、母語の扱いは。ですから、母語に対する慣れをグッと押さえ込み、意識して文を作成する必要があるのです。しばらくは、英文を作成するような意識で対処した方がよいかもしれません。

ポイントⅤ 修飾・被修飾の関係が紛らわしくないように、1文を作成する

次に、修飾・被修飾の関係について。この問題や読点については、すでに本多勝一『日本語の作文技術』(朝日文庫、1982年)でくわしく分析されています。それを参照して、以下の2つのルールについて説明します。

❶長い修飾語ほど先に、短い修飾語ほどあとに。
❷修飾語と被修飾語とは近づける。

まず❶から。例を紹介すると、以下のようなものです。

〔例5〕
犬のイラストが描いてある/褐色の表紙の/分厚い本が/ある。

これをたとえば「褐色の表紙の犬のイラストが描いてある分厚い本がある」とは変更できない、ということです。つまり、この語順ですと、「褐色の表紙の犬」がひとまとまりになり、犬が褐色であるかのような誤解が生まれてしまうのです。あるいは、

〔例6〕
本を借りるために/図書館へ/父と/出かけた。

これは「図書館へ本を借りるために父と出かけた」と変更しても理解できますが、なにか違和感を覚えるのではないでしょうか。通常は「図書館へ」の直後に読点を打ち、「図書館へ、本を借りるために父と出かけた」と表記します。この読点の処理については、のちほど説明します。

❷は、次のような例で理解できるでしょう。

〔例7〕
昨日発表された/ノーベル賞のニュースに/日本中が/興奮した。

この例文では、「昨日発表された」が連体修飾語として直後の「ノーベル賞のニュース」を修飾しています。ですから、「ノーベル賞のニュースに/昨日発表された/日本中が/興奮した」などとは表記できません。意味がまるで理解できなくなってしまいます。

次の例文です。

〔例8〕
きわめて/美しく/重要な/結晶が/作成された。

この語順ですと、冒頭の「きわめて」は連用修飾語として直後の「美しく」を修飾すると理解します。これを「きわめて/重要で/美しい/結晶が/作成された」などとする

と、「きわめて」は「重要で」を修飾することになり、〔例8〕とは意味が異なることになります。

あるいは次の例文ですと、修飾語と被修飾語が離れており、意味が理解しにくくなります。

〔例9〕
化学吸着には／表面が吸着質と結合しようとする／強い傾向が／ある。

この語順ですと、冒頭の「化学吸着には」が連用修飾語として、「ある」を修飾するのが非常にわかりにくい。ですから、通常は、「化学吸着には」を「ある」の直前に置くように改め、「表面が吸着質と結合しようとする／強い傾向が／化学吸着には／ある」とします。こうすると、❶のルールにも当てはまることになります。

以上のように、修飾語を加える時には、慎重にその位置を考えねばなりません。したがって、無駄な修飾語は書くべきではないと理解してもらった方がよいでしょう。特に、「事実」の文では。

5-3 句や節の関係を明示するために読点を活用する ポイントⅥ

読点すなわち「、」(横書きでは「,」も可)とはなにか、こ

れまでほとんど注意したことはなかったという人も多いでしょう。ところが、これを活用することにより、文がきわめてわかりやすくなります。重要性の順序によって、以下の4点について説明していきます。

ア. 逆接関係を明示するために読点を活用する。

まず、逆接関係を明示する場合です。第2章で指摘したように、「逆接の接続語」は重要な内容を導いたり、対比（比較）の関係を示すことが多いのです。したがって、読み手にそのことを伝えるためにも、その箇所に読点を打つのです。

> 〔例10〕
> ここ数日は苦難の連続だったが、ようやく見通しがついた。

> 〔例11〕
> 欧米では若者の経済的苦境が結婚に結びつきやすいが（のに対して）、日本ではそんなことは考えにくい。

などです。もしこれらの読点がなかったら、どのような文になるか考えて下さい。その効果は歴然とします。

イ. 因果関係を明示するために読点を活用する。

論理的な文章では、因果関係を説明することが多くあり

ます。そのような場合にも、読点を活用して明示した方がわかりやすいのです。

> 〔例12〕
> 早朝に目覚めたので、1日が有効に活用できた。
> （早朝に目覚めると、）

仮定条件なども原因・理由と同様に考えられますので、承知しておいて下さい。

> 〔例13〕
> もし早朝に目覚めたら、1日を有効に活用できるだろう。

〔例12〕と〔例13〕は時が異なるだけです。つまり、〔例12〕はそうした事態が生じた時点での言明です（カッコ内の「〜と、」もほぼ同様です）。一方、〔例13〕はまだそうした事態は生じていないが、それが生じたと仮定したときの言明です。なにか思い出しませんか。そうです、つい数年前まで、皆さんが散々苦労させられた、あの古文の接続助詞「ば」の訳し分けです（いやな思い出が蘇ってしまいましたか。ならばスミマセン）。「ば」が用言の未然形に接続すれば「〜なら」「〜たら」と訳し、已然形に接続すれば「〜ので」「〜から」「〜と」などと訳さなければならなかったのですね。その未然形と已然形との違いです。未然形とは、そ

の語義からいまだその事態に至っていないことをいいます。ですから、〔例13〕と同様となります。他方、已然形とはすでにその事態に至ったことをいいますので、〔例12〕と同様となります。ひょんなところで、古典文法の知識と再会しましたね。

ウ．あいまいな修飾関係や意味を明示するために読点を活用する。

　読点の活用ということで一般的に指摘されるのは、修飾関係などを明示するときです。たとえば、さきの〔例9〕です。

〔例9〕
化学吸着には、表面が吸着質と結合しようとする強い傾向がある。

　冒頭の「化学吸着には」の直後に読点を打つと、遠く離れた述語の「ある」を修飾すると理解できます。これは、あとの**エ**のルールともなります。つまり、短い修飾語をはじめに置いたので読点で区切った、という理解です。

　また、もともと複数の意味を持った1文を明確にするためにも読点を使います。つまり、次のような例です。

> 〔例14〕
> 刑事が血を流して逃げている犯人を追いかけた。

　これは、修飾語の順序をいくら考えてもラチが明きません。それは、この1文に2通りに解釈できる情報が含まれているからです。つまり、「血を流している」のが刑事なのか、犯人なのか、いずれでも解釈できるのです。したがって、こうした不分明な文を明快にするときに、読点を活用するのです。刑事が「血を流している」とするには、「血を流して」の直後に読点を打ち、

> 〔例14-1〕
> 刑事が血を流して、逃げている犯人を追いかけた。

とします。
　一方、犯人が「血を流している」とするには「血を流して」の直前に読点を打ち、

> 〔例14-2〕
> 刑事が、血を流して逃げている犯人を追いかけた。

とすればよいのです。

エ．本来の語順が逆転しているときに読点を活用する。
　さきほどの〔例6〕です。

第5章　わかりやすい文の作成

> 〔例6〕
> 本を借りるために／図書館へ／父と／出かけた。
> 　　↓
> 図書館へ、本を借りるために父と出かけた。

　長い修飾語を先行させるという語順を入れ替えて「図書館へ」を冒頭に出すと、読点で区切るのです。本来、あるべき語順を逆転させているからです。

　以上の4つのルール（なかでもはじめの2つ）を意識しながら、読点を有効に活用して下さい。そうすると、非常に読みやすい1文になること、請け合いです。

5-4　7種類の接続語を有効に活用する
ポイントⅦ

　最後に、文と文をつなぐ接続語に触れておきます。ただし、論理的文章で重要な役割を果たす4種類は第2章ですでに紹介しました。それら以外によく使うのは、因果関係を表す順接の接続語、原因・理由を補う接続語、例示を導く接続語でしょう。これらも含めた7種類のものを一覧表にして掲げておきます。

1. 要約の接続語
「要するに」「結局」「いずれにせよ（いずれにしても）」

「以上のように」「このように（こうして）」「かく（し）て」「まとめると」「手短にいえば」「端的に言うと」「約言すれば」（「つまり」）など

2．逆接の接続語

「しかし」「しかしながら」「けれども」「だが」「ところが」「～が、……」「～にもかかわらず、……」「～ものの、……」など

3．対比（比較）の接続語

「一方」「他方」「逆に」「これに対して」「これとは反対に」「これに比べると」「これとは逆に」「～に対して……」「～に反して……」「～に比べると……」「～とは逆に……」など

4．話題転換の接続語

「ところで」「では」「それでは」「さて」など

5．順接（因果関係）の接続語

「だから」「したがって」「それゆえ」「ゆえに」「よって」「すると」など

6．原因・理由を補う接続語

「なぜなら」「というのは」など

7．例示の接続語

「たとえば」「実際に」「現に」など

　以上の接続語を的確に使うと、筋道の通った読みやすい文章となります。第2章をもう一度、確認して下さい。

ただし、以下の3点については注意して下さい。

ア．「でも」「けど」「けれど」「なので」「だって」などの口語的な接続語は用いない。

　口語的な接続語の使用は控えて下さい。やはり文章として作成するので、日常会話に使うような接続語を避けるのがルールです。また、こうした接続語が使われた文章は、その知的レベルが低いように受け取られてしまいます。注意して下さい。

イ．「そして」「それから」などの、論理性があいまいな接続語は用いない。

　これらの接続語は、論理性のあいまいさゆえに使用を控えてほしいものです。まず「そして」は、同レベルの語句を並立で接続したり、時間の経過を表す順接の接続語として用います。したがって、前後の語句同士に論理関係が構成されにくいのです。そのため「そして」が必須のものなのかといえば、必ずしもそうではない場合が多いことになります。たとえば、

〔例15〕
彼は、毎朝8時に家を出て、そして会社へ向かいます。

などです。明らかに省略できるでしょう。また、多くは話題を単調に引き延ばすだけで、多用すると稚拙な感じも生

じやすいとされます。

「それから」も「そして」に比べると、時間の経過というニュアンスが強くなるようですが、その意味は大差ありません。ですから、〔例15〕の「そして」を「それから」に置き換えることができるし、その結果として省略もできるのです。

結局、この2つの接続語を論理的な文章に使う必要は、ほとんどないといえるでしょう。

ウ．接続助詞の「が」を用いて、文を引き延ばさない。

この注意点については、第2章ですでに指摘しておきました。「が」でつなぐと、1文がいくらでも引き延ばせるのです。たとえば、

〔例16〕
私は、いま1つのテーマについて懸命に考えているのだが、よいアイデアが思い浮かぶときもあるが、それが一瞬だけに終わる場合もあるが、持続するときもまれにはある。

これはやや極端に過ぎるでしょうが、よくこのような1文を書いてしまうのです。逆接の意味が明白なのは3番目の「が」のみで、はじめの2つは単にダラダラと前後をつないでいるに過ぎません。次のような2文で明快な文となるでしょう。

〔例16-1〕
私はいま1つのテーマについて懸命に考えており、よいアイデアが思い浮かぶときもある。それが一瞬だけに終わる場合もあるが、持続するときもまれにはある。

このように2文に区切れば、それぞれの1文が短くなり、しかも文意が明快でしょう。この例のように、指示語も接続語と同じく前文と後文をつなぐ役割があります。接続語に代えて指示語を使用することも考えて下さい。

以上のような点に気をつけて、接続語を的確に使い、論理が明快な文章を作成するようにして下さい。

第6章
論理的文章の構成

では、いよいよ文章の作成法へと進みましょう。

6-1 段落の設定―トピック・センテンスの重要性―

ポイントⅧ 各段落の第1文か最終文をトピック・センテンスとする

まずは、文を複数連ねて(あるいは1文で)作る段落の説明からです。最近、ビジネス文書作成法などで、パラグラフ・ライティングということが盛んに言われるようになりました。つまり、英文作成の方法にしたがって、パラグラフ(段落)を重視して文章を作成すればよい、ということです。この本もこの考え方にしたがって、以下に説明していきます。ただし、パラグラフと段落とは同一ではない、などと指摘される方もあるようです。

しかし、日本語の文にはもともと段落という概念はなく(英文なども同じ)、明治以降、英語の文章作成法にしたがって新たに導入されたものです(パラグラフとそれに基づく

英文作成法は、スコットランドで19世紀半ばころに提唱され始め、それがアメリカにも広がったらしい）。ところが、表面的な理解に止まり、単に長い文章を適当に区切るもの、という程度で終わったようです。国語教育の場でも、段落の内容が明確に定義づけられないまま、若い世代に伝えられました。戦後も、その状況が続いてしまったのです。現在でも、その状況からいまだに脱却できていないような発言がときに行われます。もちろん、のちに紹介する戦前の物理学者である寺田寅彦のように、その内容まで理解された方もあったようです。

いずれにしても、文章を作成するうえで、段落は非常に重要な1単位です。

では、段落とはなにか。端的にいえば、1テーマについての文のまとまりで、第1文（あるいは最終文）にその内容を手短に言い表した1文（トピック・センテンス）を置くものとします。ただ、英文ではトピック・センテンスを第1文とするのがルールです。しかし、重要な内容ほどあとで述べるという日本語の特性を考慮して最終文を付け加えます。このように理解して段落を作成するよう心がけて下さい。なにごとも基礎が大事ですから。これがいい加減ですと、文章全体もグラグラと揺れ動いてしまい、論理そのものも動揺してしまいます。

問題は、1テーマをどう理解するか、です。ここにまた、あいまいさが顔を出すのです。自然言語を扱うときの悩みが頭をもたげます。たとえば、テーマを犬に関連するもの

とするのか、動物一般に関連するものとするのか、などによりその範囲が大きく違ってくるのです。判断に迷うときは、その前後で何について述べようとしているのかを確認して下さい。そうすると、いま書こうとしている段落のテーマが自ずとみえてきます。つまり、いったんその段落から遠ざかってながめることです。これで大抵は判断できるでしょう。もっとも、書き出す前に文章全体（あるいは各章ごと）の枠組み（アウトライン）を作っておくのがよいでしょう。これについては、第2節で再び説明します。

では、段落の事例をいくつか紹介しましょう。

【事例1】
　ここで、自分がどのメンバーに入れるか悩んでいる時を想像してみましょう。せっかく持っている投票権ですから、誰かには投票したい。でも、これといった決め手がなくて、誰に投票するかは決めかねている。こんな時、あなたならどうしますか？　おそらく、多くの場合、インターネット上で検索をかけるでしょう。検索に使う単語はメンバーの名前かも知れないし、有名なブロガーの名前かも知れませんが、いずれにしても、インターネット上に公開されている、ある特定のメンバーの記事や動画にたどり着くはずです。もし、あなたがその記事や動画に良い印象を持ったら、あなたの中でそのメンバーの評価は上がります。ひょっと

> するとあなた自身が自分のツイッターでそのメンバーを推したり、SNSのアカウント上で「おすすめ記事」のような形で他の投票者をその動画に誘導するかも知れません。このように、自分の意見は他の人の意見に影響を受けます。簡単に言ってしまえば、良い事が書かれた記事や好意的な動画からは良い印象を受ける、という事です。もちろん、逆もありえて、悪い事が書かれた記事や悪意のある動画からは悪い印象を受けるでしょう。つまり、あるメンバーに対する評価は他の人が表明している評価と同じ方向に引きずられる傾向がある、と言えそうです。(松浦壮『宇宙を動かす力は何か』新潮新書、2015年)

　この例文は、物理学の諸原理を平易に解き明かそうとする著書の一節です。ここでは、非常に身近な話題としてAKB48の総選挙を紹介し、そこから「相転移」という分子の動きを解説していくのです。ご覧のように、「このように」と「つまり」という要約の接続語が2度も用いられており、トピック・センテンスのありかは明快です。「このように」の直後で段落内容をひとまずまとめ、ふたたび「つまり」以下でまとめ直しているのです。したがって、トピック・センテンスは最終文だと判断するのが妥当でしょう。

　次は、夏目漱石のお弟子でもあった、さきに触れた物理学者・寺田寅彦の科学随筆の一節です。やや古い言葉が使われていますので、読みにくいかもしれません。

> 【事例２】
>
> 　<u>涼しいという言葉の意味は存外複雑である。</u>もちろん単に気温の低い事を意味するのではない。継続する暑さが短時間減退する場合の感覚をさして言うものとも一応は解釈される。しかし盛夏の候に涼味として享楽されるものはむしろ高温度と低温度の急激な交錯であるように見える。たとえば暑中氷倉の中に一時間もはいっているのは涼しさではなく無気味な寒さである。扇風機の間断なき風は決して涼しいものではない。
>
> （寺田寅彦「涼味」『寺田寅彦随筆集　第二巻』岩波文庫、1947年）

　さすがに留学を経験した物理学者ですね、第１文がトピック・センテンスです。少し説明しておきましょう。終わりの２文は「たとえば」で始まっているように具体例です。ですから、トピック・センテンスではないと判断できます。その２文は直前の第４文を説明するためのものです。しかも、この第４文は「しかし」で始まっています。注目すべき１文です。ところが、文が長くて内容もくわし過ぎるのです。一方、第２文は否定文で、候補から落とします。第３文も「一応」の解釈ですので、わかりづらい。ということで、結局、第１文をトピック・センテンスとみなすのです。たしかに「存外複雑である」という述部はあいまいです。しかし、１文が短く、「涼しいという言葉の意味」という主題が明記され、それに対する「意見」（評価）もまとまっていると考えるのです。第４文の述部と比べて下さい。

第6章　論理的文章の構成

こちらの方が、簡明なのがよくわかるでしょう。

もう1つ例を紹介しておきましょう。

> 【事例3】
> 　<u>インターネット上の検索は、能動的にキーワードからサイトを探しているように見えるが、実は基本的に受け身的な作業である</u>。検索結果のリストからリンクを次々とチェックしていくのは、退屈しのぎにテレビのチャンネルを替えているのとあまり変わらない。検索をやめない限り、インターネットにある膨大な情報に流されることになる。そして、目的のサイトに行きあたるかどうかは、絞り込みの技術と検索エンジンの性能任せである。(酒井邦嘉『科学者という仕事』中公新書、2006年)

これも第1文(なかでも「が」のあとが重要)がトピック・センテンスです。第2文は、インターネット上の検索とテレビのチャンネル替えが近いと指摘するのみです。第3文は、その検索は情報に流されることになると指摘し、ややわかりづらい。つまりは受け身的作業の指摘です。第4文は、やはり検索エンジンの性能任せになる、つまり受け身的作業の指摘となっているのです。結局、第1文はやや長い文ですが、「インターネット上の検索は受け身的作業」であると明快に指摘しているのです。したがって、トピッ

ク・センテンスは第1文とみなしてよいのです。

このような事例を参考にして、文章の土台となる段落をしっかりと作成して下さい。

6-2 序論・本論・結論の3要素

では、段落を基礎単位として序論・本論・結論を作成していきましょう。

しかし、この本では、起・承・転・結の4段構成はお薦めしません。そもそもこの構成法は漢詩から出たもの、すなわち文学の構成法から出たものです。つまり、論理の世界とは異質なものです。また、「転」のところで話題を大きく変えるのが難点でもあります。したがって、この方法は採用しません。もっとも、論理的文章作成に習熟した段階で、採用してもよいかもしれませんが。

ところが、序論・本論・結論の3要素へ進む前に、さきに指摘した文章全体の枠組み(アウトライン)の作成が必要です。書くべき内容がまとまっていないと、文章は決して書けないのですから。

では、文章全体の枠組み(アウトライン)の作成のあり方を、第4章で紹介した地震関連の話を事例として説明していきましょう。紹介したような手順で思考を進めて結論(自らの「意見」)がまとまった時点(あるいはその前後)で、この作業に入るわけです。そこで、さまざまな要素をどの

ようにまとめ、どのような順序で並べるのか、などを考えることになります。その際に、箇条書きで十分ですので、メモ書きが是非とも必要になるでしょう。もちろん、一度の作業でベストのものができるものではありません。ですから、頭のなかだけでは不十分なのです。まとまりを変える・順序を改めるなどの作業が、目で確認しながら一定の時間をかけて行われねばなりません。論理的な文章を作成するうえで最も厄介な作業でしょう。

たとえば、メモ書きとして以下のようなものとなりましょうか。

結論
Aの地域で、この数百年間に地震が起こる確率は非常に高いだろう。

本論　その根拠としての「事実」
・ボーリング調査の結果、活断層が発見された
・同じく、過去に地盤が動いた痕跡が認められた
・Aの地域は火山帯に含まれる
・史料(歴史の文字資料)などで、過去に地震が発生したことがわかった
・同じく、隣接する地域でもそれは確認できた
・プレート理論でも、この地域は流動しやすい地殻に乗っている
・過去の研究論文でもその危険性が指摘されていた

1つの例として、以上のようなものとなります。

結論の作成
　この時点では、まだ序論は考えていません。結論はもう動かないでしょう。ですから、できる限り明快に書きたい。たとえば、

- 要約の接続語で始める。
- 結論（「意見」）は、「判断・評価」の表現を用いる（決して否定文は用いない）。
- 結論（「意見」）を強調したいならば、二重否定などを追加する。
- 結論がやや不確かならば、「判断・評価」のあとに「推理・推量」を追加したり、反語を用いたりする。
- 反論を組み入れた結論（「意見」）とするならば、譲歩の表現（「なるほど・たしかに〜、しかし（だが）……」）などを用いる。

などのようにして下さい。
　もちろん確信が持てないなら、考え直しが必要です。あるいは結論として記述したあとに、解決しきれなかった課題として記すことになるでしょう。

本論の作成
　問題は本論をどのように構成するか、でしょう。ここで

は、第4章の手順を意識して、各要素を並べましたので、このまま記述に入ってもよいでしょう。つまり、地質調査結果で1段落、火山帯の存在の指摘で1段落、史料のまとめで1段落、プレート理論の紹介で1段落、先行研究の紹介で1段落、などでしょう。

ですから、次のような構成となるでしょう。

・第1段落　地質調査結果
・第2段落　火山帯の存在の指摘
・第3段落　史料のまとめ
・第4段落　プレート理論の紹介
・第5段落　先行研究の紹介

しかし、いつもこのようにスムーズに行くとは限りません。もっと紆余曲折があるのは当然です。たとえば、地質調査の結果では、1例だけ異質なものがあったときの処理に悩むこともあるでしょう。最後に掲げた過去の研究業績のなかには、反対「意見」のものもあったでしょう。そうした場合は、批判・論破が必要となります。もっとも、これらは第4章の時点で解決されていなければならないのです(説明がマズイですね、スミマセン。反省です)。

要するに、論理的文章が上手くまとまり説得力が生じるのは、この本論をいかに構成できるかに尽きるのです。多種多様な「事実」があり、それをどのように記すのか、によるのです。

さらに、本論は「事実」が中心ですので、余計な形容詞などを修飾語として加えるのは、厳につつしんで下さい。くり返し注意を促します。

序（論）の作成
　こうして本論の構成がしっかりとまとまった後で、序論を考えます。序論は第3節で述べるように、近年では独立させない場合も多いのです。つまり、結論的内容を先取りして組み入れてしまいます。特に、理系の場合はこうしたものが多いようです。ですから、単独で作成しなくてもよいでしょう。このようなものを、この本では「序」と称します。

　しかし、そのような場合でも、テーマや目的などについては端的に述べる必要があるでしょう。ですから、通常はそれほど多くの段落を費やす必要はありません。もちろん、1冊の本などとなれば、話は別です。複数の段落を用いるのが当然でしょう。

　いずれにしても、自らの思考世界に読者を上手にいざなうように、序（論）を作成して下さい。たとえば、短い序ならば、問答文を使用して結論をすでに示すことが可能です。もちろん序論として、問題提起の疑問文だけに止めておくことも可能でしょう。疑問文の使用が、読者をいざなうには効果的でしょう。

　以上のような方法で、序（論）・本論・結論を作成して

下さい。了解してもらえたでしょうか。

6-3 頭括型・双括型・尾括型の3タイプ

ポイントIX 文章全体の第1段落か最終段落を結論とする

では、序(論)・本論・結論をどのような順序で並べるのかについて説明しておきましょう。従来の日本語での論理的文章は、結論を最後に置く尾括型で書かれることが大半でした。しかし近年では、結論を冒頭に置く頭括型や双括型が多くなっているようです。特に理系の場合は、この2者が大半ではないでしょうか。スピードを重視する現代社会では、結論を読み手に早く伝える必要が増しているからでしょう。あるいは英語の影響力が強くなっているからでしょう。当然のことかもしれません。

頭括型

まず、頭括型から紹介します。文章冒頭に結論を置くスタイルです。つまり、

> (序) 結論 ── 本論

という形式です。序を簡単に述べたあとに、結論から記述を始めます。いうまでもなく結論を早く読み手に伝えるス

タイルです。理系の論理的文章はこの形式のものが、非常に多くなっているのではないでしょうか。しかし、文系でもこのような形式を採るものも増えています。次の例がそうです。

【頭括型】
　零細事業者が直面させられている悲惨とは裏腹に、消費税は大企業、とりわけ輸出比率の高い大企業にとっては実に有利に働く。彼らは消費税という税制によって、莫大な不労所得さえ得ていると断定して差し支えない。
　（中略）
　輸出企業は輸出する商品や商品を製造するための部品等を仕入れた際、すでにその対価とともに消費税分の金額を支払い済んだ（という形になっている）。仕入れた商品やこれを材料に組み立てた製品を国内で販売する場合は、消費者から受け取る消費税分から仕入れのために支払った消費税分を差し引いて納税する。つまりは「仕入れ税額控除」だが、輸出の場合はゼロ税率が適用されることになる。
　とすれば輸出企業が仕入れのために支払った（という形になっている）消費税分はほとんど還付されてくる。（中略）その総額が半端でない。
　政府の予算書をもとに概算すると、たとえば二〇〇

> 八年度における消費税の還付総額は約六兆六千七百億円。この金額は同年度の消費税収十六兆九千八百二十九億円の約四〇％に相当している（いずれの数字も国税消費税四％と地方消費税一％を合計したもの）。（斎藤貴男『消費税のカラクリ』講談社現代新書、2010年）

　これは消費税のあまり知られていない一面（つまり輸出企業が、実は不労所得ともいえる莫大な消費税の還付を受けていること）を指摘した部分です。結論が第1段落です。以下の各段落はそれを根拠づけるもの、つまり本論になっているといえるのです。第2段落でその仕組みが解説され、第3、4段落で具体的な金額（推計ですが）まで紹介されるのです。消費税の驚くべきカラクリが明らかになっているでしょう。

実は、この本も頭括型にしたがって、記述を進めています（ただし、全体ではありません）。つまり、各章の記述のあり方です。第2〜5章までは重要な点を各章の冒頭にまとめて記しています。こうすると、その内容が理解しやすいのではないでしょうか。
　このような形式が頭括型と呼ばれるものです。

双括型
　次は、双括型と呼ばれるものです。結論が2度くり返される形式です。つまり、

> （序）結論 —— 本論 —— 結論

というスタイルです。これは、文章として対面するとややシツコイのですが、耳から聞き取る場合は効果的なものとなります。すなわち、ゼミ発表などのプレゼンの原稿の形式として適しているのです。聞き手はいつも集中して聞いてくれているとは限りません。ですから、重要なことはくり返し話す必要があるのです。特に、はじめと終わりに重要な結論を話すのは効果的なのです。聞き手が集中している場合が多いからです。
　あるいは、教員（公務員）などの採用試験時の小論文などにもふさわしい。採用する側は、多くの小論文を読まねばなりません。そのようなときに、文章の出だしと終わりに明快な結論（「意見」）が記されたものは非常に読みやす

いのです。通常の論理的文章でも、ややシツコイかもしれませんが、その文意は読み取りやすいのです。ですから、自らの「意見」をまちがいなく伝えたいときに、この形式は適しているといえるでしょう。

双括型というにはややバランスが悪いのですが、次のような例です。

【双括型ないしは頭括型】

<u>新しい力学が生まれたきっかけは、波だとばかり思っていた「光」が「粒子」のように振る舞うとわかったことです。</u>

19世紀末のドイツでは、製鉄の効率を上げるために、溶鉱炉の温度を正確に測定する研究が行われていました。ところが、そこで不思議なことがわかります。溶鉱炉から出る光の強さが、温度によって連続的に変化せず、「とびとびの値」になるのです。

熱せられた水の温度上昇や、アクセルを踏んだ車の加速を考えればわかるとおり、物理量は連続的に変化するのが常識です。水の温度が50度から一気に53度に飛んだり、車のスピードが時速95キロメートルから100キロメートルに飛ぶこともありません。

 しかし 光のエネルギーに関しては、そういうことが起きていました。その現象を説明するために、ドイツの物理学者プランクが発表したのが「量子仮説」で

> す。
> 　その仮説によれば、光のエネルギーは、あるとても小さな係数(プランク定数)と光の振動数(波長の逆数)の積の整数倍の値にしかなりません。したがって、その値は連続的に変化せず、「とびとびの値」になります。「量子」とは、こういう「とびとびの量」を意味する概念だと理解しておけばいいでしょう。この発見がのちの量子力学につながったので、プランクは「量子論の父」と呼ばれています。(村山斉『宇宙は何でできているのか』幻冬舎新書、2010年)

　量子力学成立の契機をわかりやすく説明した文章の一節です。やや変則的ですが、第1段落と最終段落の終わり2文が結論といえるでしょう。つまり、第2、3段落は具体例ですので、結論とはみなせません。最終段落の第1、2文は第2段落の事例の説明を継続した内容です。そして、第3文で主語を強調する表現で「量子」を定義づけ、第4文でプランクに対する評価が記されるのです。しかし、頭括型と理解してもおかしくないでしょう。

　いずれにしても、この形式は結論(「意見」)が2度くり返されるので、短い文章ではやや使いにくいでしょう。けれども、自らの結論(「意見」)をしっかりと伝えたいときは、きわめて有効なのです。

尾括型

最後に、結論を最後に置く尾括型です。

> 序論 ── 本論 ── 結論

という形式となります。日本語での論理的文章の基本スタイルといってもよいでしょう。やはり日本語の文の特性からすると、一番書きやすい形式でしょう。ところが、時代の流れに影響されて、徐々に勢力を後退せざるを得ない状況でしょうか。やむを得ないでしょう。読み手にゆとりがないと、この形式ではいら立ちを覚えるでしょう。なにしろ、最後まで読み切らないと、結論がわからないのですから。しかしながら、われわれにはまちがいなくピタッとくるのです。

では、例を紹介しておきましょう。

【尾括型】

貿易面から見ると、東アジア諸国・地域と日本との間の貿易額は増加している。

日本の東アジア諸国・地域への輸出額は、2003年(平成15年)には24兆8,033億円(対1980年比3.23)となっており、特に中国の伸びが著しい(6兆6,355億円(対1980年比5.82))。その結果、日本の輸出額全体に占める東アジア諸国・地域のシェアも拡大して45.5%となり、EU(15.3%)、NAFTA(26.9%)が占めるシェ

> アを大幅に上回っている。また、東アジア諸国・地域の輸入額のうち、日本からの輸入額が占める割合は約17%となっている。
>
> 　次に、日本の東アジア諸国・地域からの輸入額は、2003年(平成15年)には19兆3,943億円(対1980年比2.45)となっており、特に中国の伸びが著しい(8兆7,311億円(対1980年比8.93))。その結果、日本の輸入額全体に占める東アジア諸国・地域のシェアも拡大して43.7%となり、EU(12.8%)、NAFTA(17.8%)が占めるシェアを大きく上回っている。また、東アジア諸国・地域の輸出額のうち、日本への輸出額が占める割合は約11%となっている。
>
> 　<u>このように</u> <u>東アジア諸国・地域と日本との間の貿易額は増加しており、特に中国については、香港を含めた場合、2004年(平成16年)には輸出額・輸入額合計(速報ベース)でアメリカを上回り、日本の最大の貿易相手国となった。</u>(『国土交通白書2005』)

　これは、国土交通省の白書の一部です。第1段落で概要をまとめているので、双括型と呼べるかもしれません。しかし、最終段落冒頭に「このように」が使われ、特に中国との関係がはっきりと述べられています。したがって、最終段落を結論とみなすのが妥当でしょう。

　この形式は基本的なものなので、さまざまな文章作成に利用できます。しかし、近年のスピード重視の傾向からい

うと、さきの2者に劣っていると言わざるを得ません。したがって、読み手が時間的に余裕があり、じっくりと対面してくれるような場で使用するべきでしょう。たとえば、課題レポートなどでしょう。

このように、論理的文章の構成には3つの形式があり、各々に特徴があるのです。したがって、それらを使い分ける必要があります。結局、自らが作成する論理的文章に対して、どのような読み手を想定できるかでしょう。読み手にふさわしい形式を選んで、論理的文章を作成して下さい。

6-4 引用のルール

最後に、他者の「意見」(発言)などを本文に取り込む方法、つまり引用の方法を紹介しておきましょう。

ところで最近、コピペの氾濫などということを聞きませんか。パソコンやスマホなどが普及してから、このような発言がたびたび聞かれるようになりました。つまり、パソコンなどを活用する人たちが、ネット上の文章の一部をごく簡単に自分の文章に取り込んでしまうことです。私的な場合が多いようですが、課題レポートなどでも堂々と行う学生もいるようです。

もちろんコピペという行為は、本来、許されるものではありません。他人が作成した文章を勝手に利用するのですから、著作権(知的財産権の1つ)を侵害することになる

のです。

　この著作権の侵害という行為について、われわれ東アジアの人間は鈍感に過ぎるのです。いまだに、違法コピーのゲームソフトなどが町中に出回っているでしょう。しかし、先進諸国の産業が、ハードからソフトへと重心を移しています。ですから、先進諸国は著作権だけではなく特許権（発明にともなう知的財産権の１つ）などの侵害に対して、強い態度で権利を主張します。したがって、われわれはなおさら注意すべきなのです。特に今後の社会を担う若い人たちは、こうした認識を持たなければなりません。にもかかわらず、さきのような現状です。

　この状況は、非常に気がかりです。こうした行為に日常的に慣れ親しんでしまうと、著作権を侵害しても罪悪感が生じないからです。このような鈍感さは、将来、自らの首を絞めることにもなりかねません。つまり、企業人としての軽率な行動が、思いもよらない結果を引き起こす恐れがあるのです。たとえば、自らの行動が他社の特許権などを侵害し、自らが属する企業に莫大な損害を与えてしまうこともあり得るのです。

　したがって、課題レポートなどの公的な文章を作成する場合、コピペは厳につつしまねばならないと十分に認識しておく必要があるのです。

　では、本題に入りましょう。第４章で指摘したように、論理的に思考する場合、他者の「意見」を参照するのは必

要不可欠です。ですから、文章を作成する場では、引用という行為が必ず生じるのです。その際に、他者の著作権を侵害してはならないのです。自らの文章と他者の文章（短い語句など）を明瞭に区別して記述するのです。あくまで自らの文章が主で、他者の文章など（引用部分）は従でなければなりません。

具体的に説明すると、引用には２つの方法があります。第１は、直接、他者の文章などを引用すること（これを直接引用といいます）。第２は、他者の文章などを間接的、つまりその内容を要約して引用すること（これを間接引用といいます）。要約の方法については、第３章を確認して下さい。

第１の直接引用から。以下の諸点がポイントです。

・引用する文章の著者名を必ず本文に明記すること。
・引用箇所は一字一句変えてはならないこと。
・短い引用の場合は、その部分を「」でくくること。
・長い引用の場合は、字下げなどを行い、本文と区別すること。
・引用した文章の出典（出所）を本文中、あるいは本文の末尾に明記すること。
・出典（出所）には、著者名・著書名（論文名）・出版社名（掲載雑誌名）（ホームページのＵＲＬ）・発表年（月）などが必要なこと。

たとえばこの本では、事例として多くの文章を引用しています。これは引用部分が長い直接引用です。ですから、本文と区別できるように処理し、引用部分の最後にその文章の著者と出典（出所）を明示しています。

　これに対して、短い直接引用は次のような例です。

> A氏は「…………」などと指摘されている。

　こうした場合、出典（出所）は文章の終わりに参考文献一覧として掲げるのが一般的です。

　第2の間接引用について。以下の諸点がポイントです。

・引用する文章の著者名を必ず本文に明記すること。
・引用する箇所を正しく要約すること。
・引用した文章の出典（出所）を本文中、あるいは本文の末尾に明記すること。
・出典（出所）には、著者名・著書名（論文名）・出版社名（掲載雑誌名）（ホームページのＵＲＬ）・発表年（月）などが必要なこと。

　間接引用には細心の注意が必要です。通常、引用部分を「」で明示するというルールが適用されません。自らの文章（本文）と他者の文章からの引用部分が区別しにくくなるのです。ですから、盗作（剽窃）などと誤解される場合

が生じやすいわけです。そうした誤解を防ぐには、引用した文章の著者名を必ず本文中に示すことです。これを必ず実行しなければなりません。

私の本から例を紹介します。

【間接引用の例】

　本書を書き終えてみると、いまさらながら井上光貞「古代の女帝」が示した構想の確かさを実感する。<u>氏は女帝を単に政治史的視点から分析するだけではなく、当時の社会のありかたにも目を向け、古代日本の族長位の継承という事象を女帝と関連づけて、女帝＝中継ぎ論を導き出した。</u>後年、このような視点は「正倉院文書」の整理・分析から否定されることになり、本書で述べたように女帝＝中継ぎ論も一面的な理解といえる。したがって、それ以降、このような社会史的視点を組み込んだ女帝論はほとんど現れなかった。しかしながら、その後発表された政治史的視点のみからの女帝論は、いずれも各研究者の個人的見解の域を出るものではなかったと私には思われる。（成清弘和『女帝の古代史』講談社現代新書、2005年）

これは、私の本の「あとがき」の冒頭部分ですが、井上光貞氏の論文「古代の女帝」を間接引用しているのです。アンダーラインの部分です。ご覧のように「(井上光貞)氏

は」とその著者名を明記しています。これが大切なのです。

　せっかくですから、内容について簡単に紹介しておきます。私の本は、日本古代に女帝（女性統治者）がなぜ登場できたのか、という疑問に答えようとしたものです。つまり、3〜8世紀に複数の女性が国の統治者として君臨したのは他の地域ではほとんどなく、日本の女帝（女王）は非常に特異な存在でした。その理由を、単に政治史的な事情からではなく、男女の格差があまりなかった古代日本社会の特性から説明しようとしたのです。こうした視点を井上氏がすでに持たれていた、と指摘しているのです。

　意外でしょうが、日本社会は、8世紀頃までは男尊女卑的ではなかったのです。中国の影響を本格的にこうむり始めた9世紀頃から、長い時間をかけて男尊女卑的な社会へと変化していったのです。

　さて間接引用は、他者の文章を要約したものを引用します。ですから、正確な要約が必要です。誤読したままの要約では、新たな問題が生じます。つまり、著作権の侵害には至らないのですが、他者の文章を曲解しているという非難を受けることになるのです。これは、やはりマズイことです。この非難が自らが作成した本文に及んでしまい、本文の信用がガタ落ちになります。

　ややクドクドと述べてきましたが、引用の要領を理解し

てもらえたでしょうか。以上の諸点について、くれぐれも注意して下さい。

終章
まとめ

最後に、これまで述べてきたことのなかで、特に重要な点をまとめておきましょう。

読み取り法のポイント

ポイント1 文書全体の第1段落か最終段落に注目する =結論であることが多い

ポイント2 各段落の第1文か最終文に注目する =トピック・センテンス(各段落の要点を述べた文)であることが多い

ポイント3 要約の接続語に注目する

ポイント4 肯定的で一般的な記述に注目する(否定的記述や事例〈エピソード〉〈たとえ〉、理由説明の記述、引用部分などを軽んじる)

ポイント5 「意見」文(反語や二重否定も含む)に注目する(ただし推理・推量は除く)

ポイント6 3タイプの接続語に注目する

ア.逆接の接続語
イ.対比(比較)の接続語
ウ.話題転換の接続語

ポイント7 問答文―疑問文とそれに対する回答文―に注目する

終章 まとめ

作成法のポイント

ポイントⅠ 「事実」と「意見」を区別するよう、表現に注意する

ポイントⅡ 文体は常体(「〜だ」「〜である」)が基本で、1つの文章で常体と敬体を混在させない

ポイントⅢ 1文の長さは、最長で40字から50字くらいを1つの目安とする

ポイントⅣ 主語・述語が正しく対応するように、1文を作成する

ポイントⅤ 修飾・被修飾の関係が紛らわしくないように、1文を作成する

ポイントⅥ 逆接関係、因果関係、修飾関係などを明示するために読点を活用する

ポイントⅦ 7種類の接続語を有効に活用する

ポイントⅧ 各段落の第1文か最終文をトピック・センテンスとする

ポイントⅨ 文章全体の第1段落か最終段落を結論とする

こうして各ポイントを見ると、かなり多くの点で一致するのがわかってもらえるでしょう。読み取り法の ポイント1 ポイント2 は作成法の ポイントⅨ ポイントⅧ と、読み取り法の ポイント3 ポイント6 は作成法の ポイントⅦ と、読み取り法の ポイント5 は作成法の ポイントⅠ と、それぞれ対応しています。

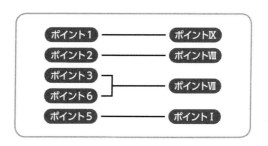

一方、対応しないのは、読み取り法の ポイント4 ポイント7 、作成法の ポイントⅡ ポイントⅢ ポイントⅣ ポイントⅤ ポイントⅥ となります。一見、数が多いようにみえます。

　しかし、その内容を確認すると、読み取り法の ポイント4 は記述内容について、ポイント7 は問答文というやや特殊な表現についてです。一方、作成法の ポイントⅡ から ポイントⅥ は、文作成上の具体的な注意点です。むしろ、各々のポイントは対応しないのが当然と考えられるのです。

　したがって、「まえがき」で記した読み取り法と作成法の密接な関係性という点をあえて絞り込むと、3つのポイントになるでしょう。つまり、「事実」と「意見」の区別、文章や段落の最初と最後の1文への注意、要約などの接続

終章　まとめ

語の活用、となります。

　こうした諸点に注意を向けながら、論理的文章に対処すればよいのです。

　しかしながら、これらは自らの、あるいは他者の論理的思考が完了したのちの局面でのことです。その前の論理的思考そのものについて、十分な理解と実践があるべきなのです。つまり、第4章でくわしく説明した、論理的思考の方法に馴染んでほしいのです。これがなければ、さきの対応関係などの確認はほとんど意味をなさないでしょう（否定的表現となってしまいました、マズイですね）。言い換えますと、論理的思考そのものについて十分な理解と実践があってはじめて、両者の対応関係の確認が意味を持つのです。

　 要するに 、われわれの母語である日本語を用いて、論理的に思考するという作業を積極的に行ってほしいのです。あるいは、行わねばならない（行うべきな）のです、とより強く記しておきましょう。

　これが、この本を終えるに当たっての、読者の皆さんへのメッセージです。

163

あとがき

　私は専門として日本古代史を研究してきた者ですが、塾・予備校などで、長年、受験のための国語教育にも携わってきました。その関係から、近畿大学理工学部をはじめとした、複数の大学での日本語関連の授業も担当してきました。この本は、これらの経験をもとに執筆したものです。

　そもそも、私が学生の頃にはこのような授業はありませんでした。しかし、大学進学率の上昇と学生の基礎学力の相対的な低下により、こうした授業が1990年代頃から各大学で行われ始めたようです。高校国語で論理を教えるという変化がなかったのも大きな要因でしょう。また社会環境の激変で、生徒・学生たちの読書量が減少したということも１つの原因でしょう。

　ところで近年、世界共通語としての英語を重視する傾向がますます顕著です。一方、母語（日本語）の論理的な運用能力は相変わらず等閑視されています。こうした状況に関して、この本でも紹介した木下是雄氏などが早くから警鐘を鳴らされていました。もちろん、外国語の運用能力の基礎は母語の論理的なそれです。ですから、母語の論理的な運用能力の養成はきわめて重要です。しかしながら、残念なことに、古典文学偏重の高校の国語教育はほとんど変

あとがき

化していないようにみえます。これは、大いに憂慮すべき事態といえるでしょう。

　ですから、私のような者にも、いささか発言できる点があるのではないかと思い、この本を執筆したわけです。専門の日本(国)語学や論理学の面から見れば、難点があるかもしれません。しかし、現場からの発言としてそれなりの意味もあるかと考えます。

　いずれにしても、若い人たちにこの本を読んでいただきたい。母語(日本語)を用いて不十分ながらも論理的に思考した結果としての文章表現について、一定の知識を是非とも持ってほしいのです。

　最後になりましたが、この本が出版できるよう配慮して下さった講談社・ブルーバックス前編集長の小澤久さん、執筆時にいろいろと助言して下さった編集の家中信幸さんのお2人に謝意を表したいと思います。

参考文献

木下是雄 『理科系の作文技術』(中公新書、1981年)
木下是雄 『レポートの組み立て方』(ちくま学芸文庫、1994年)
木下是雄 『日本語の思考法』(中公文庫、2009年)
本多勝一 『日本語の作文技術』(朝日文庫、1982年)
森田良行 『基礎日本語辞典』(角川書店、1989年)
倉島保美 『論理が伝わる世界標準の「書く技術」』(講談社ブルーバックス、2012年)
藤沢晃治 『「分かりやすい文章」の技術』(講談社ブルーバックス、2004年)
渡辺哲司 『大学への文章学』(学術出版会、2013年)

岩田規久男 『経済学を学ぶ』(ちくま新書、1994年)
川村　浩 『脳のなかの時計』(NHKブックス、1991年)
粂　和彦 『時間の分子生物学』(講談社現代新書、2003年)
小林秀雄 「鐔」(『小林秀雄全集 第十二巻』新潮社、2001年)
斎藤貴男 『消費税のカラクリ』(講談社現代新書、2010年)
酒井邦嘉 『科学者という仕事』(中公新書、2006年)
橘木俊詔 『日本の教育格差』(岩波新書、2010年)
寺田寅彦 「涼味」(『寺田寅彦随筆集 第二巻』岩波文庫、1947年)
中沢弘基 『生命誕生』(講談社現代新書、2014年)
成清弘和 『女帝の古代史』(講談社現代新書、2005年)
西垣　通 『集合知とは何か』(中公新書、2013年)

益川敏英・山中伸弥　『「大発見」の思考法』(文春新書、2011年)
松浦　壮　『宇宙を動かす力は何か』(新潮新書、2015年)
村山　斉　『宇宙は何でできているのか』(幻冬舎新書、2010年)
山田昌弘　『少子社会日本』(岩波新書、2007年)

さくいん

あ行

アウトライン　140
言い切りの文末表現　26
「意見」　12, 19, 22
「意見」の表現　27
1文の長さ　118
因果関係　125
引用　48, 153
エピソード　47
演繹的方法　92
援用　100

か行

間接引用　156
起承転結　140
帰納的方法　92
逆接関係　125
逆接の接続語　48, 130
敬体　117
結論　142
原因・理由を補う接続語　130
肯定的記述　46
語句を強調する表現　33

さ行

思考・願望の表現　30
「事実」　12, 19, 20
「事実」の表現　24
修飾関係　127
修飾語　122
順序を表す接続語　51
順接（因果関係）の接続語　130
常体　117
序論　144
事例　47
推理・推量の表現　31
接続語　48, 129
双括型　148

た行

対比（比較）の接続語　49, 130
たとえ　47
段落　134
直接引用　155

さくいん

頭括型　145
読点　124
トピック・センテンス　44, 134

な行
二重否定　33

は行
パラグラフ・ライティング　134
反語　32
判断・評価の表現　27
尾括型　151
否定的記述　46
弁証法　108
法則　21
本論　142

ま行
問答文　52

や行
要旨要約　65

要約の接続語　45, 129

ら行
理由説明　48
理論　20
例示の接続語　130

わ行
話題転換の接続語　51, 130

N.D.C.816　169p　18cm

ブルーバックス　B-1965

理系のための 論理が伝わる文章術
実例で学ぶ読解・作成の手順

2016年4月20日　第1刷発行

著者	成清弘和（なりきよひろかず）
発行者	鈴木　哲
発行所	株式会社講談社
	〒112-8001　東京都文京区音羽2-12-21
電話	出版　03-5395-3524
	販売　03-5395-4415
	業務　03-5395-3615
印刷所	（本文印刷）豊国印刷 株式会社
	（カバー表紙印刷）信毎書籍印刷 株式会社
本文データ制作	WORKS（若菜　啓）
製本所	株式会社国宝社

定価はカバーに表示してあります。
©成清弘和 2016, Printed in Japan
落丁本・乱丁本は購入書店名を明記のうえ、小社業務宛にお送りください。送料小社負担にてお取替えします。なお、この本についてのお問い合わせは、ブルーバックス宛にお願いいたします。
本書のコピー、スキャン、デジタル化等の無断複製は著作権法上での例外を除き禁じられています。本書を代行業者等の第三者に依頼してスキャンやデジタル化することはたとえ個人や家庭内の利用でも著作権法違反です。
R〈日本複製権センター委託出版物〉複写を希望される場合は、日本複製権センター（電話03-3401-2382）にご連絡ください。

ISBN978-4-06-257965-0

発刊のことば

科学をあなたのポケットに

二十世紀最大の特色は、それが科学時代であるということです。科学は日に日に進歩を続け、止まるところを知りません。ひと昔前の夢物語もどんどん現実化しており、今やわれわれの生活のすべてが、科学によってゆり動かされているといっても過言ではないでしょう。

そのような背景を考えれば、学者や学生はもちろん、産業人も、セールスマンも、ジャーナリストも、家庭の主婦も、みんなが科学を知らなければ、時代の流れに逆らうことになるでしょう。ブルーバックス発刊の意義と必然性はそこにあります。このシリーズは、読む人に科学的に物を考える習慣と、科学的に物を見る目を養っていただくことを最大の目標にしています。そのためには、単に原理や法則の解説に終始するのではなくて、政治や経済など、社会科学や人文科学にも関連させて、広い視野から問題を追究していきます。科学はむずかしいという先入観を改める表現と構成、それも類書にないブルーバックスの特色であると信じます。

一九六三年九月

野間省一

ブルーバックス　趣味・実用関係書(Ⅲ)

- 1791 卒論執筆のためのWord活用術 田中幸夫
- 1793 論理が伝わる 世界標準の「書く技術」 倉島保美
- 1794 いつか罹る病気に備える本 塚﨑朝子
- 1796 「魅せる声」のつくり方 篠原さなえ
- 1807 ジムに通う人の栄養学 岡村浩嗣
- 1813 研究発表のためのスライドデザイン 宮野公樹
- 1817 東京鉄道遺産 小野田 滋
- 1835 ネットオーディオ入門 山之内 正
- 1837 理系のためのExcelグラフ入門 金丸隆志
- 1847 論理が伝わる 世界標準の「プレゼン」術 倉島保美
- 1858 新幹線50年の技術史 水口博也
- 1863 科学検定公式問題集　5・6級 桑子 研／村上道夫／小野恭子
- 1864 プロに学ぶデジタルカメラ「ネイチャー」写真術 曽根 悟
- 1868 理系のためのExcelグラフ入門 基準値のからくり 能勢 博
- 1869 おいしい穀物の科学 井上直人
- 1877 山に登る前に読む本 藤田佳信
- 1882 「ネイティブ発音」科学的上達法 小野田 滋
- 1886 関西鉄道遺産 木嶋利男
- 1895 「育つ土」を作る家庭菜園の科学 桑子 研／竹内 薫"監修"／竹田淳一郎
- 1900 科学検定公式問題集 3・4級 時実象一
- 1904 デジタル・アーカイブの最前線

- 1910 研究を深める5つの問い 宮野公樹
- 1914 論理が伝わる 世界標準の「議論の技術」 倉島保美
- 1915 理系のための英語最重要「キー動詞」43 原田豊太郎
- 1919 理系のための研究ルールガイド 藤沢晃治
- 1920 「説得力」を強くする 坪田一男
- 1926 SNSって面白いの？ 草野真一
- 1934 世界で生きぬく理系のための英文メール術 吉形一樹
- 1935 日本酒の科学 和田美代子／高橋俊成"監修"
- 1938 門田先生の3Dプリンタ入門 門田和雄
- 1947 50ヵ国語習得法 新名美次
- 1948 すごい家電 西田宗千佳
- 1951 研究者としてうまくやっていくには 長谷川修司
- 1956 コーヒーの科学 旦部幸博
- 1958 理系のための法律入門 第2版 井野邊 陽
- 1959 図解　燃料電池自動車のメカニズム 川辺謙一

ブルーバックス　趣味・実用関係書(Ⅱ)

- 1574 怖いくらい通じるカタカナ英語の法則　CD-ROM付　池谷裕二
- 1579 図解 船の科学　池田良穂
- 1584 理系のための口頭発表術　ロバート・R・H・アンホルト　鈴木炎/I・S・リー訳
- 1596 理系のための人生設計ガイド　坪田一男
- 1603 今さら聞けない科学の常識　朝日新聞科学グループ=編
- 1613 科学・考えもしなかった41の素朴な疑問　朝日新聞科学グループ=編
- 1614 料理のなんでも小事典　日本調理科学会=編
- 1623 「分かりやすい教え方」の技術
- 1630 伝承農法を活かす家庭菜園の科学　木嶋利男
- 1632 ビールの科学　サッポロビール価値創造フロンティア研究所=編
- 1653 理系のための英語「キー構文」46　原田豊太郎
- 1656 今さら聞けない科学の常識2　朝日新聞科学グループ=編
- 1658 ウイスキーの科学　古賀邦正
- 1660 図解 電車のメカニズム　宮本昌幸=編著
- 1665 動かしながら理解するCPUの仕組み　藤沢晃治
- 1666 理系のための「即効!」卒業論文術　中田亨
- 1667 大学生・エンジニアのWindows7/Vista対応 DVD-ROM付 SSSP=編
- 1671 理系のための研究生活ガイド　第2版　坪田一男
- 1676 図解 橋の科学　土木学会関西支部=編
- 1682 図解 入門者のExcel関数　田中輝彦/渡邊英一他　リブロワークス
- 1683 図解 超高層ビルのしくみ　鹿島=編

- 1688 武術「奥義」の科学　吉福康郎
- 1689 図解 旅客機運航のメカニズム　三澤慶洋
- 1693 10歳からの論理パズル 「迷いの森」のパズル魔王に挑戦!　小野田博一
- 1695 ジムに通う前に読む本　桜井静香
- 1696 ジェット・エンジンの仕組み　吉中司
- 1698 スパイスなんでも小事典　日本香辛料研究会=編
- 1699 これから始めるクラウド入門　2010年度版　リブロワークス
- 1707 「交渉力」を強くする　藤沢晃治
- 1709 院生・ポスドクのための研究人生サバイバルガイド　菊地俊郎
- 1714 Wordのイライラ 根こそぎ解消術　長谷川裕行
- 1725 魚の行動習性を利用する釣り入門　川村軍蔵
- 1726 仕事がぐんぐん加速するパソコン即効冴えワザ82　トリプルウイン
- 1733 Excelのイライラ 根こそぎ解消術　長谷川裕行
- 1739 マンガで読む「分かりやすい表現」の技術　カノウ=マンガ　銀杏社=構成
- 1744 瞬間操作! 高速キーボード術　リブロワークス
- 1753 理系のためのクラウド知的生産術　堀正岳
- 1755 振り回されないメール術　田村仁
- 1763 エアバスA380を操縦する　キャプテン・ジブ・ヴォーゲル　水谷淳=訳
- 1773 「判断力」を強くする　藤沢晃治
- 1777 たのしい電子回路　西田和明
- 1783 知識ゼロからのExcelビジネスデータ分析入門　住中光夫

ブルーバックス　趣味・実用関係書(I)

- 35 計画の科学　加藤昭吉
- 733 紙ヒコーキで知る飛行の原理　小林昭夫
- 954 「超能力」と「気」の謎に挑む　天外伺朗
- 1032 「分かりやすい心理テストPART2　小倉寛太郎
- 1063 フィールドガイド・アフリカ野生動物　芦原睦=監修
- 1073 自分がわかる心理テストPART2　芦原睦=監修
- 1083 へんな虫はすごい虫　安富和男
- 1084 図解　わかる電子回路　吉福康郎
- 1112 格闘技「奥義」の科学　見城尚志
- 1231 頭を鍛えるディベート入門　松本茂
- 1234 ワインの科学　髙橋久仁子
- 1245 「食べもの情報」ウソ・ホント　髙橋久仁子
- 1273 子どもにウケる科学手品77　後藤道夫
- 1281 図解　もっと子どもにウケる科学手品77　後藤道夫
- 1284 「分かりやすい表現」の技術　藤沢晃治
- 1307 新電子工作入門　後藤道夫
- 1346 図解　ヘリコプター　鈴木英夫
- 1352 理系の女の生き方ガイド　宇野賀津子/坂東昌子
- 1353 理系志望のための高校生活ガイド　鍵本聡
- 1364 確率・統計であばくギャンブルのからくり　谷岡一郎
- 算数パズル「出しっこ問題」傑作選　仲田紀夫
- 理系のための英語論文執筆ガイド　原田豊太郎

- 1366 数学版　これを英語で言えますか？　E・ネルソン/保江邦夫=監修
- 1368 論理パズル「出しっこ問題」傑作選　小野田博一
- 1387 「分かりやすい説明」の技術　藤沢晃治
- 1396 制御工学の考え方　木村英紀
- 1413 『ネイチャー』を英語で読みこなす　竹内薫
- 1418 理系のための英語便利帳　倉島保美/榎本智子/黒木博=絵
- 1420 Excelで遊ぶ手作り数学シミュレーション　田沼晴彦
- 1430 「食べもの神話」の落とし穴　髙橋久仁子
- 1439 味のなんでも小事典　日本味と匂学会=編
- 1443 「分かりやすい文章」の技術　藤沢晃治
- 1448 間違いだらけの英語科学論文　原田豊太郎
- 1471 「日本語から考える英語表現」の技術　柳瀬和明
- 1478 「分かりやすい話し方」の技術　吉田たかよし
- 1488 大人もハマる週末面白実験　左巻健男/滝川洋二=編著
- 1493 計算力を強くする　鍵本聡
- 1516 競走馬の科学　JRA競走馬総合研究所=編
- 1520 図解　鉄道の科学　宮本昌幸
- 1552 「計画力」を強くする　加藤昭吉
- 1553 図解　つくる電子回路　加藤ただし
- 1567 音律と音階の科学　小方厚
- 1573 手作りラジオ工作入門　西田和明

ブルーバックス発の新サイトがオープンしました!

- 書き下ろしの科学読み物
- 編集部発のニュース
- 動画やサンプルプログラムなどの特別付録

ブルーバックスに関する
あらゆる情報の発信基地です。
ぜひ定期的にご覧ください。

ブルーバックス　　検索

http://bluebacks.kodansha.co.jp/